Ernst Probst

Die Mittelsteinzeit
in
Nordrhein-Westfalen

Widmung

*Allen Prähistorikern und Prähistorikerinnen gewidmet,
die mich bei meinen Büchern über die Steinzeit
unterstützt haben*

Impressum:
Die Mittelsteinzeit in Nordrhein-Westfalen
1. Auflage als Printbuch: März 2021
Autor: Ernst Probst
Im See 11, 55246 Mainz-Kostheim
Telefon: 06134/21152
E-Mail: ernst.probst (at) gmx.de
Herstellung: Amazon Distribution GmbH, Leipzig
Alle Rechte vorbehalten
ISBN: 979-8-724-73250-5

Vorwort

Irgendwie ist das eine seltsame Vorstellung: Wo im 20. Jahrhundert Baggerführer im Braunkohlentagebau arbeiteten, tanzten sich einst Zauberer mit Hirschschädelmasken in Ekstase. Nachzulesen ist dies in dem Taschenbuch „Die Mittelsteinzeit in Nordrhein-Westfalen" des Wiesbadener Wissenschaftsautors Ernst Probst. Als Beweisstücke gelten die Funde von zwei Hirschschädelmasken, die man im Erfttal bei Bedburg entdeckt hat. An diesem Kopfschmuck waren vermutlich das Fell und die Ohren eines Hirsches befestigt. Festgehalten wurde jede Maske durch Lederriemen, die man durch zwei im Schädeldach des Hirsches angebrachte Löcher zog. Offenbar wollten sich die damaligen Zauberer in Tier-Mensch-Mischwesen verwandeln, denen man übernatürliche Kräfte zuschrieb. Das Taschenbuch schildert aber auch das einfache Leben der Jäger und Sammler in der Zeit zwischen etwa 9.600 und 5.500 v. Chr.

Tanzender Zauberer (Schamane) mit Hirschschädelmaske.
Derartige Hirschschädelmasken fand man in Nordrhein-Westfalen
Brandenburg und Mecklenburg-Vorpommern.
Zeichnung: Fritz Wendler (1941–1995)
für das Buch „Deutschland in der Steinzeit" (1991)
von Ernst Probst

Inhalt

*Der schwedische Geologe und Polarforscher
Otto Martin Torell (1828–1900) aus Lund
prägte 1874 den Begriff Mittelsteinzeit (Mesolithikum).
Bild: Riksantikvarieämbetet och Statens Historiska Museer,
Stockholm*

Die Mittelsteinzeit in Nordrhein-Westfalen

Aus Nordrhein-Westfalen kennt man Hunderte von Fundstellen aus der Mittelsteinzeit, wissenschaftlich als Mesolithikum bezeichnet. Dieser Abschnitt der Steinzeit begann laut dem Buch „Deutschland in der Steinzeit" (1991) von Ernst Probst vor etwa 10.000 Jahren, also um 8.000 v. Chr., und endete um 5.000 v. Chr. Im Online-Lexikon „Wikipedia" dagegen wird heute der Anfang der Mittelsteinzeit auf 9.600 v. Chr. und deren Ende im westlichen Mitteleuropa auf 5.800 v. Chr., im mittleren Mitteleuropa auf 5.500 v. Chr. und im nördlichen Mitteleuropa auf 4.300 v. Chr. datiert. Der zeitliche Unterschied beim Anfang der Mittelsteinzeit beruht darauf, dass man jetzt die Nacheiszeit (auch Heutzeit, Holozän oder Postglazial genannt) 1.600 Jahre früher beginnen lässt.

Den Begriff Mittelsteinzeit (Mesolithikum) hat 1874 der schwedische Geologe und Polarforscher Otto Martin Torell (1828–1900) aus Lund auf dem Internationalen Kongress für Archäologie und Anthropologie in Stockholm erstmals vorgeschlagen. Dieser aus den altgriechischen Wörtern mesos (mitten) und lithos (Stein) zusammengesetzte Name setzte sich allmählich durch. Daneben ist vor allem im romanischen Sprachbereich die Bezeichnung Epipaläolithikum (Nachpaläolithikum) gebräuchlich.

Wenn man in Nordrhein-Westfalen von einer Dauer der Mittelsteinzeit von etwa 9.600 bis 5.500 v. Chr. ausgeht, fallen in diese folgende Abschnitte der Heutzeit (Holozän[1]): Vorwärmezeit (Präboreal[2]) vor etwa 9.610 bis 8.690 v. Chr., Frühe Wärmezeit (Boreal[3]) vor ca. 8.690 bis 7.270 v. Chr. und Mittlere

Bild auf Seite 9:

Mittelsteinzeitliche Pfeilspitze (Querschneider)
von Tværmose (Dänemark).
Zeichnung aus einer Publikation
des englischen Prähistorikers John Grahame Clark (1907–1995)
von 1936.
Zeichnung: (via Wikimedia Commons),
Lizenz: gemeinfrei (Public domain)

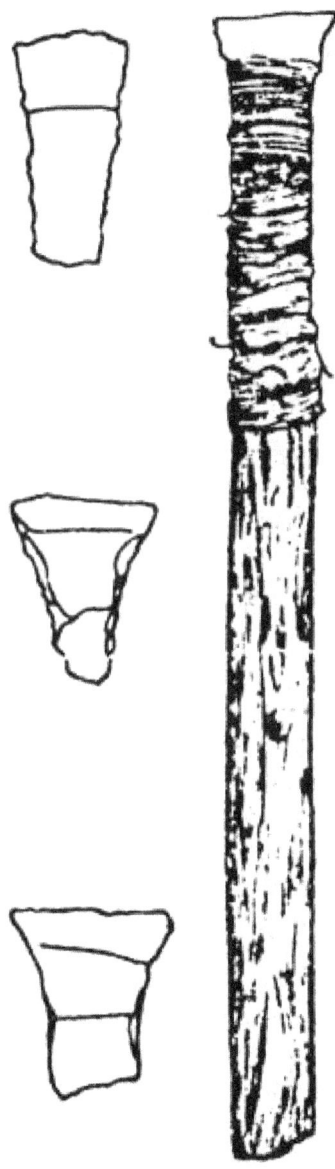

Prähistoriker Dr. Surendra-Kumar Arora.
Foto: Privatarchiv Dr. Surendra-Kumar Arora, Frechen

Wärmezeit (Atlantikum[4]) vor etwa 7.270 bis 3.710 v. Chr. Im Präboreal war der Sommer ähnlich warm wie heute und der Winter noch sehr kalt. Im Boreal war der Sommer generell wärmer als heute und der niederschlagsarme Winter meist mild. Das Atlantikum gilt als wärmste Epoche. Die Winter waren sehr milde und sehr niederschlagsreich. Ab etwa 9.600 v. Chr. stiegen stetig die Temperaturen an. Auf die letzte Kaltzeit des Eiszeitalters folgte eine bis heute dauernde Warmzeit. Die offenen Landschaften der Eiszeit und mit ihr die großen Rentier- und Wildpferdherden verschwanden. Aus ehemaligen menschlichen Tundrajägern wurden Waldläufer und Fischer.

In Nordrhein-Westfalen teilt man die Mittelsteinzeit nach dem Fehlen oder Vorkommen von trapezförmigen Pfeilspitzen in die ältere Mittelsteinzeit und die jüngere Mittelsteinzeit ein. Je nach der Zusammensetzung des Fundgutes unterscheidet man außerdem verschiedene regional verbreitete Gruppen oder Unterstufen. Sie sind allesamt ausschließlich nach den Formen der Steingeräte definiert.

Zur älteren Mittelsteinzeit im Niederrheingebiet gehören die frühe Mittelsteinzeit und die Hambacher Gruppe. Diese beiden Begriffe wurden 1972 von dem aus Indien stammenden Prähistoriker Surendra-Kumar Arora aus Niederzier-Hambach geprägt. Der Name Hambacher Gruppe umfasst all jene Fundorte, an denen ein ähnliches Inventar von Steingeräten entdeckt wurde wie in Hambach I (Kreis Düren).

Der jüngeren Mittelsteinzeit im Niederrheingebiet rechnet man die Erkelenzer Gruppe zu. Auch diese Bezeichnung stammt von Surendra-Kumar Arora. Der Begriff Erkelenzer Gruppe erinnert an die Funde dieses Abschnitts aus dem Kreis Erkelenz, die dem späten Formengut des Rhein-Maas-Schelde Gebietes entsprechen. Die ebenfalls von Arora eingeführten

Prähistoriker Hermann Schwabedissen (1911–1994).
Foto: Archäologisches Landesmuseum
der Christian-Albrechts-Universität zu Kiel,
Schloss Gottorf

Namen Abdissenboscher Gruppe (entspricht zeitlich etwa dem Beuronien C) und Teverener Gruppe (1973) gehören zum Rhein-Maas-Schelde-Kreis. Die Abdissenboscher Gruppe basiert auf dem einzigen Fundplatz Abdissenbosch I bei Nieuwenhagen/Heerlen in Holland, der sich in geringer Entfernung von der deutschen Grenze befindet. Die Teverener Gruppe ist nach dem Fundort Teveren (Kreis Heinsberg) benannt. Die Einstufung dieser Gruppe bereitet keine Schwierigkeiten, da an den zu ihr gerechneten Fundstellen im älteren Abschnitt Trapeze fehlen, die im jüngeren vorkommen.

Im nördlichen Nordrhein-Westfalen war in der älteren Mittelsteinzeit die Halterner Stufe verbreitet, die auch im angrenzenden Niedersachsen heimisch gewesen ist. Diesen Begriff hat 1944 der damals in Kiel lehrende Prähistoriker Hermann Schwabedissen (1911–1994) vorgeschlagen, als er für Nordwestdeutschland zwei große Formenkreise (Nordwestkreis und Nordkreis) feststellte. Seine Gliederung wurde später teilweise korrigiert. Der Ausdruck Halterner Stufe fußt auf den Funden von Haltern (Kreis Recklinghausen) in Nordrhein-Westfalen.

Die jüngere Mittelsteinzeit wurde im nördlichen Nordrhein-Westfalen durch die nach dem Fundort Boberg unweit von Hamburg nachgewiesene Boberger Stufe repräsentiert. Dieser 1939 geprägte Name stammt von dem damals in Kiel lebenden Prähistoriker Gustav Schwantes (1881–1960).

Im westlichen Nordrhein-Westfalen war in der jüngeren Mittelsteinzeit die Hülstener Gruppe heimisch, deren Name ebenfalls 1944 von Schwabedissen eingeführt wurde. Diese Gruppe umfasst Fundorte mit einem Formenspektrum der Steingeräte wie in Hülsten (Kreis Borken) in Nordrhein-Westfalen.

Prähistoriker Gustav Schwantes (1881–1960).
Foto aus Kakteenkunde, Jahrgang 1936, Heft 2, S. 27,
Februar 1936 (via Wikimedia Commmons),
Lizenz: gemeinfrei (Publik dolmain)

Neben diesen auf den ersten Blick schon verwirrend genug wirkenden Gliederungen verwenden einige Autoren noch andere Einteilungen, auf die hier aber nicht weiter eingegangen werden kann, weil sie den Rahmen eines populärwissenschaftlichen Buches sprengen.

Auch aus Nordrhein-Westfalen sind einige Skelettreste von Menschen aus der Mittelsteinzeit bekannt. Jahrzehntelang bewahrte man in der ur- und frühgeschichtlichen Sammlung der Stadt Balve ein handtellergroßes menschliches Schädeldach aus der Balver Höhle (Märkischer Kreis) auf, dessen wahres Alter bis 2004 unbekannt war. Jenes Fossil ist bereits 1939 bei einer Grabung entdeckt worden. Nach Auflösung der Sammlung in Balve gelangte der Fund zu Beginn des 21. Jahrhunderts in die Obhut der LWI-Archäologie. Um das Schädeldach in der neuen Dauerausstellung im „LWL-Museum für Archäologie" in Herne richtig platzieren zu können, ließ man sein Alter im Datierungslabor der Universität in Groningen (Niederlande) datieren. Das Ergebnis überraschte: Der Fund stammt aus der frühen Mittelsteinzeit um 8.400 v. Chr..

Teilweise aus der frühen Mittelsteinzeit stammen auch menschliche Knochen, die bei Ausgrabungen in der Blätterhöhle am Weißenstein im Lennetal (Stadt Hagen) zum Vorschein kamen. Ein in die Höhle führendes mit Laub verfülltes Loch wurde 1983 von Spelealogen des „Arbeitskreises Kluterhöhle e. V." entdeckt. Ausgrabungen in der Blätterhöhle erfolgten ab 2006. Etwas Besonderes sind drei von Menschenhand deponierte Oberschädel von ausgewachsenen Wildschweinen, denen die Eckzähne entfernt wurden. An Jagdbeuteresten von Reh und Rotwild sind Schlag- und Zerlegungsspuren zu erkennen. Die menschlichen Skelettreste von mehreren Personen, darunter auch Kleinkinder und Jugendliche, waren vermutlich bereits bei ihrer Niederlegung in der Blätterhöhle fragmentiert und

Balver Höhle (Märkischer Kreis) in Nordrhein-Westfalen vor 1900.
Aufnahme eines unbekannten Fotografen
(via Wikimedia Commons),
Lizenz: gemeinfrei (Public domain)

haben sich wahrscheinlich vorher an einem anderen Platz befunden.

Aus der Mittelsteinzeit könnte auch ein 1911 beim Bau des Rhein-Herne-Kanals in Oberhausen vier Meter tief unter der Erdoberfläche geborgener Oberschädel ohne Zähne stammen. Er wurde durch den Berliner Anatomen Hans Virchow (1852–1940) untersucht und 1911 beschrieben, wobei Virchow ein höheres geologisches Alter nicht ausschloss. Der Originalfund ging später durch Kriegswirren verloren. Im Bottroper Museum für Ur- und Ortsgeschichte" sowie im „Stadtarchiv Oberhausen" bewahrt man jedoch Abgusskopien auf.

Nur als Kuriosum sei erwähnt, dass es im 20. Jahrhundert in Österreich einen renommierten Prähistoriker gab, der die gewagte anthropologische These aufstellte, die Angehörigen der Kulturstufe Tardenoisien (etwa 6.000 bis 5.000 v. Chr.) aus dem Spätmesolithikum seien kleinwüchsige „Pygmoide" mit sehr primitiver Kultur gewesen. Diese Auffassung vertrat kein Geringerer als Oswald Menghin (1888–1972), der damals als Universitätsprofessor dem Urgeschichtlichen Institut der Universität Wien vorstand, beispielsweise in einem Brief vom 20. Dezember 1933. Der Begriff Tardenoisien wurde 1885 von dem französischen Prähistoriker Gabriel de Mortillet (1821–1898) eingeführt und erinnert an die nordfranzösische Landschaft Tardenois im Département Aisne (Frankreich). Ursprünglich hat man das Tardenoisien als Synonym für das Spätmesolithikum in ganz Mitteleuropa betrachtet. Nach heutiger Ansicht war das Tardenoisien nur in der nordfranzösischen Landschaft Tardenois und im nordöstlich benachbarten Belgien verbreitet.

Die bisherigen mittelsteinzeitlichen Siedlungsspuren in Nordrhein-Westfalen wurden ausschließlich im Freiland gefunden.

*Wiener Prähistoriker Oswald Menghin (1888–1972).
Foto: Ludwig Schwab (1899/1900–1939) /
Österreichische Nationalbibliothek, Bildarchiv Austria,
Inventarnummer Pf 11823:D (1),
https://www.bildarchivaustria.at/Pages/
ImageDetail.aspx?p_iBildID=8154680
(via Wikimedia Commons),
Lizenz: gemeinfrei (Public domain)*

Dort hat man mit Holzstangen und Tierhäuten stabile Zelte oder Hütten errichtet. Daneben dürften damals kurzfristig Höhlen aufgesucht worden sein.

An den Retlager Quellen in der Dörenschlucht bei Detmold (Kreis Lippe) stieß der Schulrat und Heimatforscher Heinrich Schwanold (1867–1932) aus Detmold zwischen 1929 und 1931 auf umstrittene Grundrisse mehrerer ovaler Hütten. Der am besten zu beobachtende Grundriss soll etwa 3,50 Meter lang und 2,70 Meter breit gewesen sein. Für diese Behausung hatte man angeblich 21 armdicke Holzstangen senkrecht in den Sandboden gesteckt und auf unbekannte Weise überdacht. In einem der Hüttengrundrisse wurde eine Feuerstelle nachgewiesen. Unter den Feuersteingeräten befanden sich typische mittelsteinzeitliche Formen. Nachgrabungen des Kölner Instituts für Urgeschichte unter Wolfgang Taute (1934–1995) konnten nujr einen vermischten Horizonot erfassen, den man in die Eisenzeit datiert. Rekonstruktionen der Behausungen an den Retlager Quellen sind im Archäologischen Freilichtmuseum Oerlinghausen ausgestellt.

In die Mittelsteinzeit gehört auch der durch Pfostenlöcher markierte Grundriss einer Hütte bei Oerlingshausen/Lippe (Kreis Lippe). Diese Behausung erreichte eine Länge von etwa 5,50 Metern und eine Breite von ungefähr 4,50 Metern. Die Pfosten des Hüttengerüstes hatte man bis zu 20 Zentimeter tief in den Boden eingegraben, um ihnen Standfestigkeit zu verleihen. Vor dem Eingang lagen eine Aschengrube, eine Feuerstelle und ein Arbeitsplatz für die Herstellung von Steingeräten.

Im Erfttal unweit des ehemaligen Dorfes Morken bei Bedburg fand man ins Wasser geworfene Jagdbeutereste aus der frühen Mittelsteinzeit.[5] Darunter waren allein fünf Schädel von Auerochsen mit Hornzapfen und viele Knochen dieser Wild-

Schulrat und Heimatforscher
Heinrich Schwanold (1867–1932) aus Detmold.
Foto: Max Staerke (Herausgeber): „Menschen vom lippischen Boden".
Verlag der Meyerschen Hofbuchhandlung, Detmold 1936
(via Wikimedia Colmmons),
Lizenz: gemeinfrei (Public domain)

Prähistoriker Wolfgang Taute (1934–1995).
Foto: Universität Köln

*Lagerleben vor einer nachgebauten Hütte aus der Mittelsteinzeit
im Archäologischen Freilichtmuseum Oerlinghausen
(Kreis Lippe) in Nordrhein-Westfalen.*
Foto: Sara Coesfeld / CC BY-SA 4.0 (via Wikimedia Commons),
lizensiert unter Creative-Commons-Lizenz by-sa-4.0,
https://creativecommons.org/licenses/by-sa/4.0/legalcode

rinder. An einem Auerochsenschulterblatt kann man sogar das Einschussloch einer Jagdwaffe erkennen. Sämtliche Röhrenknochen hatte man zerschlagen, um an das Mark zu gelangen. Zahlreiche Knochen weisen Schnitt- und Hiebspuren auf. Bei der Beseitigung der nicht von den Menschen verwerteten Jagdbeutereste halfen auch die Hunde der Jäger mit. Dies zeigen die Hundeverbissspuren vor allem an den häufigen Knochen von Auerochsen. Außerdem barg man Jagdbeutereste von mindestens drei Rothirschen, aber auch vom Reh und Dachs. Letzterer war vielleicht wegen seines schönen Felles begehrt. Welche Tiere von den Angehörigen der Hambacher Gruppe in der älteren Mittelsteinzeit erbeutet wurden, zeigen Jagdbeutereste von der Fundstelle Gustorf 8 im Erfttal bei Grevenbroich. Dort wurden zerschlagene Knochen vom Auerochsen, Waldwisent und Elch geborgen. Anzunehmen ist, dass das Fleisch dieser großen Tiere konserviert wurde, um es vor dem Verderben zu bewahren.

Mancherorts barg man Geräte und Waffen, die man beim Fischfang eingesetzt hat. Knöcherne Angelhaken kennt man aus Harsewinkel (Kreis Gütersloh) und Werne (Kreis Unna). Fragmente von Duvenseespitzen, die nach dem Duvenseer Moor (Kreis Herzogtum Lauenburg) in Schleswig-Holstein benannt sind, und vielleicht als Teile von Fischspeeren dienten, liegen aus Paderborn-Sande, Emsdetten und vom Halterner Stausee vor. Die Duvenseespitzen von Paderborn-Sande sind fein gekerbt, diejenigen vonm Halterner Stausee haben kleine Widerhaken.

Unzählige Schalen von Haselnüssen hat man bei Scherpenseel am Heidehaus, unweit von Übach-Palenberg im Kreis Heinsberg, gefunden. Diese Haselnussschalen verweisen darauf, dass sich die mittelsteinzeitlichen Jäger, Fischer und Sammler um eine ausgeglichene Ernährung bemühten.

Von Wölfen angegriffener Auerochse (Ur).
Gemälde des Berliner Tiermalers
Heinrich Harder (1858–1935)

Skelettreste von mittelsteinzeitlichen Hunden wurden an mehreren Orten in Deutschland (Euerwanger Bühl in Bayern, Senckenberg-Moor in Frankfurt am Main in Hessen, Erfttal bei Bedburg in Nordrhein-Westfalen, Abri I am Bettenroder Berg in Niedersachsen, Hohen Viecheln und Tribsees in Mecklenburg), Dänemark (Maglemose) und in England (Star Carr) entdeckt.

Im Senckenberg-Moor in Frankfurt am Main beispielsweise fand man Skelettreste eines Hundes, der etwa so groß wie ein heutiger Pudel oder Spitz war und einem jetzigen Dingo ähnelte. Die schräggestellten und etwas ineinandergeschobenen Backenzähne dieses Tieres lassen auf eine bemerkenswerte Verkürzung des Gesichtsschädels schließen. Diese gilt als eindeutiges Merkmal dafür, dass es sich um ein Haustier handelt. Der sogenannte „Senckenberghund" kam zusammen mit dem Skelett eines Auerochsen *(Bos primigenius)* zum Vorschein. 1936 vermutete der Frankfurter Zoologe Robert Mertens (1894–1975), der Hund habe an dem erlegten Auerochsen seinen Hunger gestillt. Gestützt wird dies durch Bisspuren an Oberarm- und Oberschenkelknochen des Auerochsen. Die Zähne im Hundeschädel passen zu den Fraßrillen an den Auerochsenknochen. Eine Untersuchung von Pollen an den Knochen des „Senckenberghundes" und des Auerochsen ergab, dass beide Tiere um 9.000 v. Chr. lebten und starben. Über den Auerochsen heißt es, er sei erlegt worden oder im Moor ertrunken. Reste von zwei Hunden aus der frühen Mittelsteinzeit im Erfttal bei Bedburg gelten als zweitältester Nachweis von Haustieren in Nordrhein-Westfalen. Noch älter ist ein rund 14.000 Jahre alter rechter Hundeunterkiefer aus der Altsteinzeit von Oberkassel bei Bonn. Die mittelsteinzeitlichen Hunde waren von kleinem Wuchs. Schnittspuren an ihren Knochen zeigen, dass

Einbaum von Pesse, Provinz Drenthe (Niederlande),
im August 1955 bei Bauarbeiten zur Autobahn Rijksweg 28
im kleinen Moor Blikkenveen entdeckt.
Foto: Drenthe-Museum / CC BY 3.0 (via Wikimedia Commons),
lizensiert unter Creative-Commons-Lizenz by-3.0,
https://creativecommons.org/licenses/by/3.0/legalcode

Hunde damals enthäutet und von Menschen gegessen wurden.

Bei Tauschgeschäften mit Zeitgenossen aus anderen Gegenden wechselten seltene Steinarten den Besitzer. Quarzit aus Wommersum und Feuerstein vom Vetschauer Berg sind bis ins rechtsrheinische Gebiet über etwa 120 Kilometer Entfernung transportiert worden.

Um ein Zeugnis der frühen Schifffahrt aus der Mittelsteinzeit handelt es sich vielleicht bei einem im August 1952 in Bottrop entdeckten Einbaum. Der ausgehöhlte Baumstamm kam bei Ausschachtungsarbeiten für die Siedlung „Auf der Bette" in moorigen Ablagerungen des Piekenbrocksbaches zum Vorschein. Er wurde von städtischen Arbeitern in den Keller einer ehemaligen Schule gebracht, dort später zersägt und verfeuert.

Als eindrucksvollstes Belegstück für Schifffahrt zu jener Zeit gilt der fast 3 Meter lange und nahezu 45 Zentimeter breite sowie ungefähr 30 Zentimeter hohe Einbaum aus einem Moor bei Pesse in der holländischen Provinz Drenthe. Eine radiometrische Altersdatierung ergab, dass dieser Einbaum um 6.315 v. Chr. hergestellt worden ist. Vielleicht wurde jenes Wasserfahrzeug beim Fischfang und Aufsuchen von Muschelbänken benutzt. In Norddeutschland hat man Paddel aus der Mittelsteinzeit in Duvensee (Kreis Herzogtum Lauenburg) und in Gettorf (Kreis Rendsburg Eckernförde) entdeckt, in Ostdeutschland in Friesack 4 (Kreis Nauen). Je ein Paddel konnte auch in Holmegård auf Seeland (Dänemark) sowie in Star Carr (England) geborgen werden.

Vom Kunstsinn der Angehörigen der Hambacher Gruppe aus der älteren Mittelsteinzeit zeugt ein 1974 bei Grabungen des „Rheinischen Landesmuseums Bonn" am Fundort Gustorf 8[7] entdeckter verzierter Knochen. Bei diesem 4,8 Zentimeter langen Fund handelt es sich vermutlich um das Bruchstück

Venus von Bierden (Kreis Verden) in Niedersachsen
in der Ausstellung „Bewegte Zeiten. Archäologie in Deutschland"
in Berlin. Größe des Sandsteins 5 mal 7 Zentimeter.
Foto: Henning Haßmann / CC BY-SA 3.0
(via Wikimedia Commons),
lizensiert unter Creative-Commons-Lizenz by-sa-3.0,
https://creativecommons.org/licenses/by-sa/3.0/legalcode

eines Knochengerätes. Das Fragment ist mit insgesamt neun Kreisen bzw. Kreisabschnitten geschmückt. Unter diesem Kreismuster hat man zwei parallele Linien eingeritzt, innerhalb derer man mit einer gewissen Phantasie – so Surendra-Kumar Arora – einen Vogelkopf erkennen kann. Als weiteres Kunstwerk aus der Hambacher Gruppe wird in der Fachliteratur eine Schieferplatte mit feinen geometrischen Gravierungen vom Brockenberg innerhalb der Stadt Stolberg (Kreis Aachen) angeführt. Das Motiv lässt sich jedoch nicht deuten. Ab ungefähr 300.000 Jahren in der Altsteinzeit wurden immer wieder Feuersteinartefakte wie Kerne, Abschläge und Klingen graviert. Oft sind wirre Linien, die in der Mittelsteinzeit manchmal Gittermuster und nur selten Figuren darstellen, zu erkennen. Diese Gravierungen besitzen teilweise den Charakter kleiner Kunstwerke. Mitunter deutet man sie aber auch als Spielereien, Gravierproben von Kindern oder als Besitzmarkierungen. Zwei solcher Objekte, die aus der Mittelsteinzeit stammen, wurden in Südwestfalen geborgen. Am 16. Juni 2002 entdeckte der Sammler Helmut Baldsiefen aus Netphen (Kreis Siegen-Wittgenstein) auf einem Hang unweit von Kreuztal einen Kern aus Baltischem Feuerstein mit eingeritztem feinem Schachbrettmuster. Was das wenige Quadratzentimeter große Motiv darstellt, weiß man nicht. Derartiger Baltischer Feuerstein kommt in mehr als 70 Kilometer Entfernung im Ruhrgebiet vor und wurde von dort ins Siegerland geschafft. Einige später gefundene Mikrolithen stammen aus dem Frühmesolithikum. Im Februar 2011 entdeckte der Sammler Michael Becker aus Fröndenberg (Kreis Unna) bei Stentrop einen kugeligen, bräunlich patinierten Feuerstein, der teilweise von einer hellgelben Kreiderinde bedeckt ist. Das Besondere an diesem Fund: Die Rinde ist mit tiefen Linien vollständig zerfurcht. Man hat die Linien in zwei unterschiedlich ausgerichteten Bündeln grup-

Schieferplatte von Gönnersdorf mit Frauendarstellungen
(Venusdarstellungen) aus der Altsteinzeit vor etwa 15.500 Jahren.
Foto: Regina Hecht (via Wikimedia Commons),
Lizenz: GNU Free Documentation License, Version 1.2

piert. Auch in diesem Fall ist der Sinn des Motivs unbekannt.

Im Sommer 2011 kam bei einer Ausgrabung unter Leitung des Prähistorikers Klaus Gerken bei Bierden (Kreis Verden) in Niedersachsen die bisher älteste Frauendarstellung in Norddeutschland zum Vorschein: die sogenannte „Venus von Bierden". Der Fundort diente Jägern und Sammlern in der frühen Mittelsteinzeit als Lagerplatz. Bei dem Kunstwerk handelt es sich um die eingravierte Darstellung eines Frauenkörpers auf einem 5 mal 7 Zentimeter großen Sandstein. Der als Retuscheur verwendete Stein weist Ritz-, Schliff- und Politurspuren auf. Man hat ihn zum Abschlagen von Kanten anderer Steingeräte und zum Glätten weicher Materialien verwendet. Nach der Gravur wurde er seltener zur Bearbeitung von Steinmaterial genutzt. Wegen der Fundsituation datiert man den Retuscheur in die frühe Mittelsteinzeit um 9.000 v. Chr.
Die Gravur stellt mit zwei Ritzlinien vielleicht die Beinpartie und den Körper einer nackten Frau dar. Auf den ersten Blick wirken die Ritzlinien wie eine Frontalansicht auf eine Frau. Wie bei Frauendarstellungen aus der Altsteinzeit sind weder der Kopf noch die Füße zu sehen. Zwischen den Beinen deutet eine Kerbe den Schambereich an. In der Gegend des Bauchnabels ist eine kleine Mulde erkennbar, die entweder absichtlich geschaffen wurde oder nur unabsichtlich entstand. Nach einer anderen Deutung stellt die stärker gebogene Linie rechts die Seitenansicht einer Frau mit üppigem Gesäß dar. Gesäßbetonte Darstellungen sind in der Alt- und Jungsteinzeit keine Seltenheit. Womöglich zeigt die stärker ausgeprägte Linie in der Seitenansicht den Bauch einer schwangeren Frau.
Im Vergleich mit den altsteinzeitlichen Gravierungen auf Steinplatten von Gönnersdorf in Rheinland-Pfalz wirken die erwähnten mittelsteinzeitlichen Kunstwerke aus Deutschland

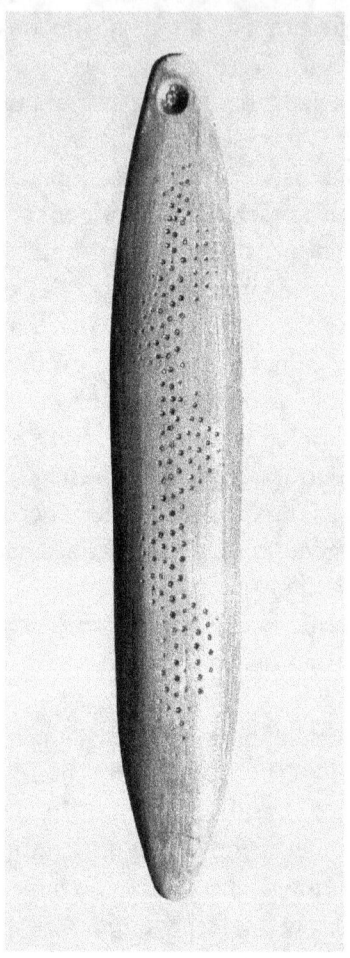

Musikinstrument aus der Mittelsteinzeit:
knöchernes Schwirrgerät von Pritzerbe,
Ortsteil der Stadt Havelsee (Kreis Potsdam-Mittelmark) in Brandenburg.
Länge 12,8 Zentimeter.
Foto: Museum für Ur- und Frühgeschichte Potsdam

armselig. In Gönnersdorf, einem Ortsteil des Stadtteils Feldkirchen der Stadt Neuwied in Rheinland-Pfalz, haben die einstigen Bewohner einer Siedlung vor rund 15.500 Jahren etwa 200 Darstellungen von Tieren und rund 400 von Frauen in grauschwarzen Schieferplatten eingraviert, die in den Behausungen als Fußboden dienten. Unter den Tierdarstellungen überwiegen vor allem Wildpferde (74 Motive) und Mammute (61 Motive). Wesentlich seltener wurden Fellnashörner und Hirsche abgebildet. Nur je einmal sind Elch (oder Saiga-Antilope), Auerochse, Wisent, Wolf und Höhlenlöwe (ohne Kopf) dargestellt. Andere Motive zeigen Fische, Vögel (Wasservögel), Schneehuhn, Kolkrabe und Robben. All diese Tiergravierungen wirken sehr realistisch. Die größte von ihnen ist ein 50 Zentimeter erreichendes Wildpferd. Frauen sind in strenger Profilansicht mit nur einem Arm und einer Brust sowie mit auffällig betontem Gesäß abgebildet. Der Kopf ist niemals zu sehen. Auch die Füße fehlen fast immer. Die jungen Mädchen oder Frauen befinden sich in der Halbhocke oder sogar im Sprung. Nicht selten sind die Frauenfiguren hintereinander aufgereiht. Oder man kann zwei einander zugewandte Frauen erkennen. Es gibt bisher keine Erklärung dafür, weshalb man in Gönnersdorf so viele Frauen – und fast keine Männer – in die Schieferplatten eingravierte.

Auf Musik und Tanz in der Mittelsteinzeit weisen einige Funde aus Deutschland hin. Ein außen teilweise beschnittenes, längsdurchlochtes Zweigfragment mit zungenartigem Ende aus Friesack (Kreis Havelland) in Brandenburg lässt sich als Flöte deuten. Aus Pritzerbe, einem Ortsteil der Stadt Havelsee (Kreis Potsdam-Mittelmark) in Brandenburg, ist ein 12,8 Zentimeter langes knöchernes Schwirrgerät bekannt. Mit einem solchen Gerät konnte man einen wechselnden hohen und tiefen Summton erzeugen, wenn man es an einem Riemen hängend rasch

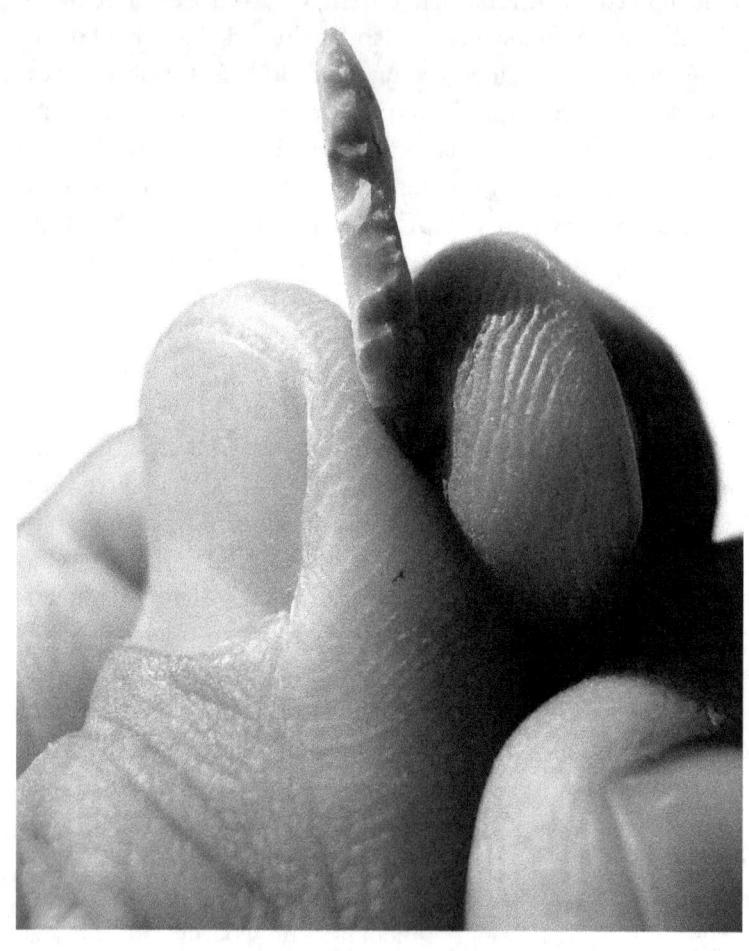

Mikrolith aus der Mittelsteinzeit.
Foto: José-Manuel Benito Álvarez / CC-BY-SA 2.5
(via Wikimedia Commons),
lizensiert unter Creative-Commons-Lizenz by-sa-2.5,
https://creativecommons.org/licenses/by-sa/2.5/legalcode

kreisen ließ. Einige von Menschenhand bearbeitete Stücke aus dem Holz von Haselnusssträuchern aus Hohen Viecheln (Kreis Nordwestmecklenburg) in Mecklenburg gelten als Pfeifen – allerdings nur zum Anlocken von Vögeln bei der Jagd. Tanz ist durch die Gravierung eines Tänzers auf einer Geweihaxt aus der Eckernförder Bucht (Kreis Rendsburg-Eckernförde) in Schleswig-Holstein belegt.

Die Werkzeuge und Waffenbestandteile aus der Mittelsteinzeit in Nordrhein-Westfalen wurden – nach den Funden zu schließen – größtenteils aus Stein angefertigt. All diese Geräte sind auffallend klein (Mikrolithen).

Wer als Erster den Begriff Mikrolithen (griechisch: mikros = klein, lithos = Stein) verwendet hat, ist in der Fachliteratur nicht zu finden. Die maximal bis zu 3 Zentimeter großen Mikrolithen dienten teilweise als Spitzen oder seitliche Widerhaken in hölzernen Schäften von Speeren, Harpunen und Pfeilen. Hergestellt wurden sie durch gezieltes Brechen von sehr kleinen Klingen (Mikroklingen oder Lamellen) und abschließendes Retuschieren. Oft sind Mikrolithen so winzig, dass man einst irrtümlich Zwerge als ihre Hersteller betrachtete.

Aus der Anfangsphase der älteren Mittelsteinzeit stammen die aus Feuerstein geschlagenen Ge-räte, die im Winter 1987/88 bei Grabungen im Erfttal bei Bedburg geborgen wurden. Nach ihrer Machart und Form stehen sie zwischen der jüngeren Altsteinzeit und der Mittelsteinzeit. Außerdem fand man dort einen Knochenmeißel und eine Geweihspitze. Die Geräte aus Feuerstein, Knochen und Geweih hatten ursprünglich im Wasser eines vom Flusslauf der Erft weitgehend abgetrennten, sichelförmigen Altarms gelegen.

Für die Hambacher Gruppe aus der älteren Mittelsteinzeit ist das überwiegende Vorkommen von einfachen Spitzen unter den Mikrolithen typisch. Diese werden nach Funden aus

Jäger der Mittelsteinzeit mit Hund bei der Jagd auf Auerochsen.
Zeichnung: Fritz Wendler (1941–1995)
für das Buch „Deutschland in der Steinzeit" (1991)
von Ernst Probst

Zonhoven[8] in Holland als Zonhoven-Spitzen bezeichnet. Darunter versteht man eine kurze, dünne Klinge, die am oberen Ende derart abgeschrägt ist, dass die Spitze in einer Verlängerung der Seitenkante liegt. Damit wurde eine Werkzeugtradition der späteiszeitlichen „Ahrensburger Kultur" (etwa 10.760 bis 9.650 v. Chr.) fortgesetzt.
Trapezförmige Pfeilspitzen (Querschneider) fehlen in der Hambacher Gruppe. Die spitzen Mikrolithen dieser Gruppe dienten als Einsätze in hölzernen Schäften – etwa zur Bewehrung von Pfeilen. Die ersten Funde dieser Gruppe in Hambach glückten 1936 dem Studienrat Jacob Gerhards (1895–1975) aus Düren. Später wurde diese Fundstelle von mehreren Privatsammlern intensiv abgesucht.
Auch für die Halterner Stufe aus der älteren Mittelsteinzeit sind Zonhoven-Spitzen charakteristisch. Trapezförmige Pfeilspitzen sind dieser Stufe ebenfalls fremd. Der Halterner Stufe gehören neben dem namengebenden Fundort Haltern I unter anderem folgende Fundstellen an: Beck bei Löhne[9] (Kreis Bünde), Gahlen[10] (Kreis Dinslaken) und der Stimberg[11] (Kreis Recklinghausen) im Münsterland.
Zur Erkelenzer Gruppe aus der jüngeren Mittelsteinzeit gehören außer trapezförmigen Pfeilspitzen auch Mistelblattspitzen und Rückenmesserchen.
Die Boberger Stufe im nordöstlichen Nordrhein-Westfalen war Bestandteil des nordeuropäischen Flachlandes und seiner Kulturentwicklung. Gefunden wurden hier außer trapezförmigen Pfeilspitzen kleine und zierliche Dreiecksklingen, Klingen mit halbkreisförmigem Rücken, länglich-schmale Dreiecksklingen und lanzettförmige Spitzen mit Schneiden auf beiden Seiten. Der Boberger Stufe rechnet man die Fundorte Retlager Quellen bei Detmold, Emscher III[12] (Kreis Recklinghausen), Haltern II und Haltern III (Kreis Recklinghausen) zu.

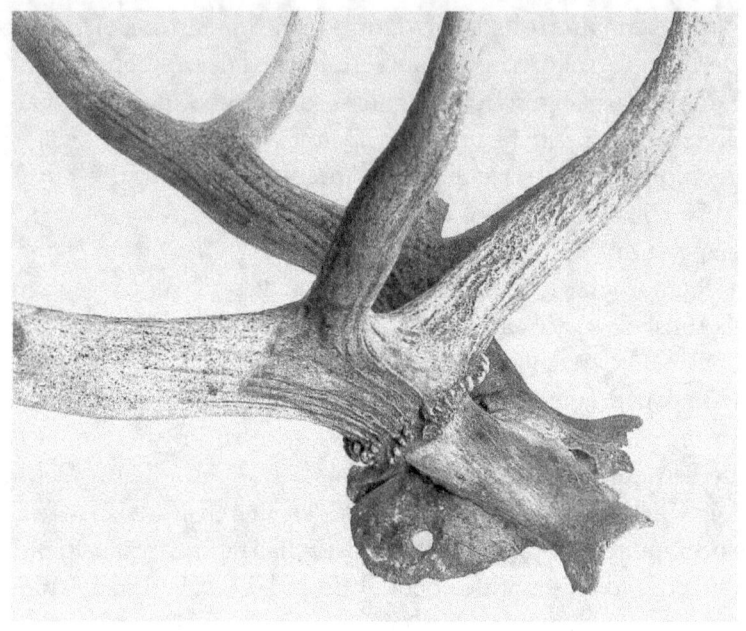

Detailaufnahme einer der beiden Hirschschädelmasken
mit Durchbohrung am Hinterkopf
aus dem Erfttal bei Bedburg (Erftkreis) in Nordrhein-Westfalen..
Die Maske wurde vermutlich
mitsamt Fell und Ohren des Hirsches
von einem mittelsteinzeitlichen Zauberer getragen.
Foto: Rheinisches Landesmuseum Bonn

Die Hülstener Gruppe aus der jüngeren Mittelsteinzeit hat teilweise Ähnlichkeit mit der Boberger Stufe. Es fehlen jedoch länglich-schmale Dreiecksklingen, während schmale Dreiecke und Kleindreiecke sowie trapezförmige Pfeilspitzen vorhanden sind. Neu sind Kreisabschnitte mit nadelförmiger Spitze, feingerätige Spitzen und flächenretuschierte Dreiecke. Ihren Namen erhielt diese Stufe von dem Fundort Hülsten.

Die Steinschläger der zeitlich vom Boreal bis zum frühen Atlantikum datierten Teverener Gruppe fertigten vor allem Dreiecksspitzen, flächenretuschierte Spitzen, Rückenmesserchen sowie in ihrer späten Phase Trapeze an.

Die Verwendung von Pfeil und Bogen durch Angehörige dieser Gruppe wird indirekt durch den Fund eines Pfeilschaftglätters aus Sandstein aus der Teverener Heide belegt. Die Teverener Heide erstreckt sich etwa drei Kilometer südwestlich des Ortes Teveren und setzt sich auf holländischem Gebiet als Heerlener Heide fort. Über Kleinstgerätefunde aus der Teverener Heide berichtete 1927 als erster Werner Freiherr von Negri (1890–1946) auf Haus Elsum bei Wassenberg anlässlich einer Ausstellung über die Mittelsteinzeit in Köln. Der Untergrund dieser Heidelandschaft wird aus Ablagerungen der Maas gebildet und enthält unter anderem Feuerstein. Aus diesem heimischen Feuerstein wurden die in der Teverener Heide entdeckten Werkzeuge hergestellt.

Außer Feuerstein und Felsgestein dienten Knochen und Geweih als Rohstoffe für die Herstellung von Werkzeugen und Waffen. Aus Kiesgruben von Paderborn-Sande liegen eine Hacke aus Elchgeweih aus der Zeit um 7.000 v, Chr. und Beilklingen aus Rothirschgeweih vor. Bereits erwähnt wurden knöcherne Angelhaken und mutmaßliche Spitzen von Fischspeeren.

Ein seltener Glücksfund im schon mehrfach genannten Erfttal

Als Tier-Mensch-Mischwesen verkleideter Schamane,
Darstellung aus der altsteinzeitlichen Kulturstufe Magdalénien
in der Grotte Les Trois Frères („Drei-Brüder-Höhle")
im französischen Département Arièges
Bild (via Wikimedia Commons),
Lizenz: gemeinfrei (Public domain)

bei Bedburg erlaubt einen faszinierenden Einblick in die religiöse Gedankenwelt der mittelsteinzeitlichen Jäger und Sammler in Nordrhein-Westfalen. Es sind zwei kapitale Rothirschgeweihe, denen jeweils ein größeres Stück des Schädeldaches anhaftet. In beiden Fällen wurde das Schädeldach mit zwei Löchern versehen. Derartige Objekte werden von Prähistorikern als Hirschschädelmasken gedeutet. Darunter versteht man einen Kopfschmuck, der vermutlich mit dem Fell und den Ohren des Hirsches auf dem Kopf eines Zauberers befestigt war. Festgehalten wurde diese Maske durch Lederriemen, die man durch die erwähnten Löcher zog.

In der Grotte Les Trois Frères („Drei-Brüder-Höhle") im französischen Département Arièges hat man in der altsteinzeitlichen Kulturstufe Magdalénien irgendwann zwischen etwa 18.000 und 12.000 v. Chr. Schamanen dargestellt, die als Tier-Mensch-Mischwesen verkleidet sind. Der Name dieser Höhle beruht darauf, dass die drei Söhne Max, Jacques und Louis des Grafen Henri Bégouen zusammen mit François Camel und Marcellin Bermon den Eingang im Juli 1914 entdeckten. Ein in der Grotte dargestelltes Mischwesen trägt eine Hirschmaske und ein anderes eine Wisentmaske. Bei einer weiteren Gestalt entspricht angeblich der Unterleib dem eines Menschen, der Oberkörper dagegen einem zurückblickenden Wisent. Im Buch „Die Jagd der Vorzeit" (1937) das Jagdwissenschaftlers Kurt Lindner (1906–1987) war von einem in Wildschweinsmaske tanzenden Zauberer in der Höhle Trois Frères die Rede. Offenbar wollten sich die damaligen Schamanen in ein Mischwesen verwandeln, dem sie übernatürliche Kraft nachsagten. Zum Hirschgeweih kamen als Teil der Verkleidung in der Grotte Les Trois Frères noch Attribute vom Bären, vom Pferd und vom Raubvogel. Dieses Mischwesen wird als „Hexenmeister", der einen magischen Ritus praktiziert, als

*Die Schamanen der sibirischen Tungusen
tanzten noch im frühen 18. Jahrhundert
in ähnlich abenteuerlicher Aufmachung
wie mittelsteinzeitliche Zauberer in Deutschland.
Die Zeichnung zeigt einen Schamanen der Tungusen,
wie ihn der holländische Reisende
Nicolaas Witsen (1641–1717) beobachtet hat.*

Holländischer Diplomat, Bürgermeister und Regent von Amsterdam
sowie Reisender Nicolaas Witsen (1641–1717).
1701 von dem deutschen Kupferstecher
Petrus Schenk der Ältere (1660–1711)
geschaffenes Porträt.
Bild (via Wikimedia Commons),
Lizenz: gemeinfrei (Public domain)

Die Schauspielerin, Gästeführerin und Buchautorin Petra Paetzold,
stilvoll gekleidet als „Schamanin von Bad Dürrenberg".
Das Künstler-Ehepaar Frank Paetzold und Petra Paetzold
aus Bad Dürrenberg
veröffentlichte die siebenbändige Buchreihe „Herr Engel erzählt",
durch die Kinder und Jugendliche
die Geschichte ihrer Heimat kennenlernen sollen.
Der erste Band „Die Schamanin von Bad Dürrenberg"
erschien 2019.
Foto: Uwe Heinze

„Gott der Tiere" („dieu cornu" = „gehörnter Gott") oder als tanzender Schamane in Trance gedeutet. In ähnlich abenteuerlich aussehender Aufmachung tanzten noch zu Beginn des 18. Jahrhunderts die Schamanen der sibirischen Tungusen, wenn sie sich in Ekstase versetzten, um Krankheiten zu heilen oder erneutes Jagdglück zu beschwören. Ein bekannte Zeichnung zeigt einen Schamanen der Tungusen, wie ihn der holländische Reisende Nicolaas Witsen (1641–1717) beobachtet hat.

Die Hirschschädelmasken aus dem Erfttal bezeugen, dass im Rheinland in der ältesten Mittelsteinzeit um 8000 v. Chr. vergleichbare Rituale praktiziert wurden. Weitere mittelsteinzeitliche Hirschschädelmasken kennt man aus England (Star Carr) und Deutschland (Hohen Viecheln und Plau am See in Mecklenburg sowie Berlin-Biesdorf).

Eine weibliche Kollegin der männlichen Zauberer mit Hirschschädelmasken war die „Schamanin von Bad Dürrenberg" in Sachsen-Anhalt aus der Zeit um 7.000 v. Chr. Skelettreste dieser 1,60 Meter großen Frau im Alter zwischen 25 und 35 Jahren sowie eines Kleinkindes im Alter von einem halben bis einem Jahr hatte man 1934 bei Kanalisationsarbeiten im Kurpark von Dürrenberg entdeckt. Die Leiche der Frau wurde mit angewinkelten Beinen in die ausgehobene Grabgrube gesetzt. Zwischen ihren Schenkeln befand sich das Kleinkind. Die Tote war mit auffällig vielen Gegenständen umgeben, von denen etliche vermutlich zur Benutzung im Jenseits gedacht gewesen sind. So entdeckte man in dem Grab einen Schlagstein aus Quarzgeröll zum Bearbeiten von Steingeräten, eine 11 Zentimeter lange, 4,7 Zentimeter breite, geschliffene Beilklinge aus schwarzem Hornblendeschiefer, neun Feuersteinklingen und einen 14,2 Zentimeter langen Kranichknochen, in dessen Innerem 31 Mikrolithen aus Feuerstein

Der Anthropologe Kurt Alt (Foto) und der Prähistoriker Martin Porr
teilten 2006 neue Erkenntnisse
über die „Schamanin von Bad Dürrenberg mit.
Foto: Uni mainz 001 / CC BY-SA 3.0 (via Wikimedia Commons),
lizensiert unter Creative-Commons-Lizenz by-sa-3.0,
https://creativecommons.org/licenses/by-sa/3.0/legalcode

steckten, die sich als Pfeilspitzen eigneten. Außerdem barg man Bruchstücke vom Panzer einer Sumpfschildkröte, Vogelknochen, ein Rehgeweih und drei Rehunterkiefer, 18 durchbohrte Zähne vom Auerochsen oder Wisent und vom Wildschwein, undurchbohrte Zähne vom Wisent, Rothirsch und Reh sowie Reste von Muscheln. Sowohl das Skelett der Frau als auch des Kleinkindes waren in einer 30 Zentimeter mächtigen, mit Rötel durchsetzten Erdverfärbung eingebettet.

Die ungewöhnlich reichen Beigaben der Frau aus Bad Dürrenberg werden als Requisiten einer Schamanin gedeutet. Der Kopf der Toten könnte mit einer Zier aus Fell, Tierzähnen sowie den Schädelknochen und dem Geweih eines Rehes bedeckt worden sein. Auch zu Lebzeiten sei die „Schamanin von Bad Dürrenberg" in dieser Aufmachung mit Toten und Naturgeistern in Verbindung getreten, heißt es.

2006 teilten der Prähistoriker Martin Porr vom Landesamt für Denkmalpflege in Halle (Saale) und der Anthropologe Kurt Alt von der Universität Mainz aufsehenerregende neue Erkenntnisse mit. Nach ihren Erkenntnissen war die „Schamanin von Bad Dürrenberg" für ihre Zeitgenossen etwas Besonderes. Sie konnte durch das Drehen ihres Kopfes die Blut- und Sauerstoffzufuhr in ihr Gehirn reduzieren oder gar unterbrechen und sich so in Trance versetzen. Nämlich in jenen Dämmerzustand, in dem Schamanen mit Ahnen und Geistern in Verbindung treten, böse Mächte vertreiben und für eine erfolgreiche Jagd oder Schutz vor Krankheit und Tod sorgen. Möglich wurde dies durch den nicht vollständig ausgebildeten obersten Halswirbel der Frau und einen ungewöhnlichen Verlauf eines Blutgefäßes am Übergang vom Hals zum Kopf.

Die Art und Weise vieler Bestattungen aus der Mittelsteinzeit in Mitteleuropa – wie Beisetzung auf Siedlungsplätzen, „liegende Hocker" in Schlafstellung, „sitzende Hocker", Rotfärbung

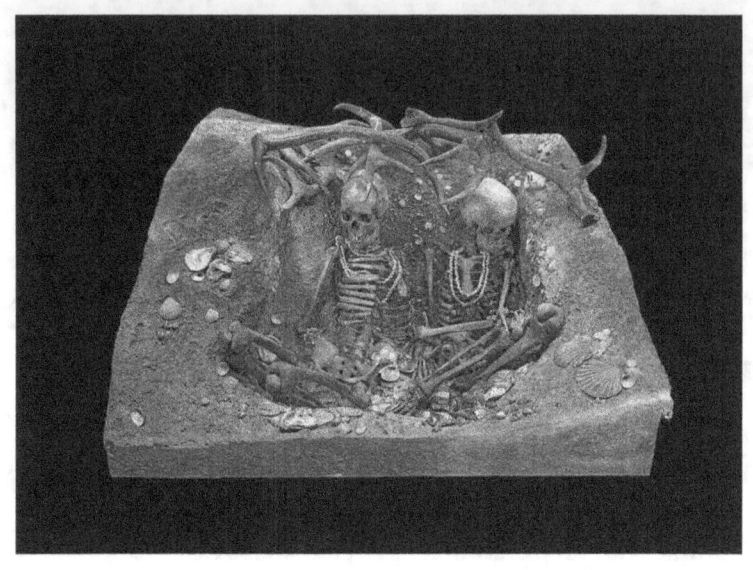

Rekonstruiertes mittelsteinzeitliches Grab von Téviec
auf der gleichnamigen Insel im Golfe du Morbihan
im französischen Département Morbihan.
Die in diesem Grab bestatteten jungen Frauen
im Alter zwischen 25 und 35 Jahren
sind gewaltsam ums Leben gekommen.
Rekonstruktion im Muséum de Toulouse.
Foto: Didier Desouens / CC BY-SA 4.0
(via Wikimedia Commons),
lizensiert unter Creative-Commons-Lizenz by-sa-4.0,
https://creativecommons.org/licenses/by-sa/4.0/legalcode

des Toten sowie Werkzeug- und Schmuckbeigaben – deuten darauf hin, dass die damaligen Menschen an einen „lebenden Leichnam" glaubten. Verstorbene waren nach dieser Auffassung nicht tot, sondern lebten weiter und wurden als Mitglied der Gemeinschaft betrachtet. Durch die Zerstückelung von bestimmten Leichen wollte man vielleicht die Wiederkehr von gefürchteten Personen verhindern. Nicht selten erfolgten Sonderbehandlungen des Leichnams. So sind unter anderem Schädelbestattungen, Körperbestattungen ohne Schädel und Leichenzerstückelungen nachgewiesen. Der schon in der Altsteinzeit praktizierte Schädelkult wurde auch in der Mittelsteinzeit ausgeübt. Als bedeutendster Beleg für diesen Kult gelten die insgesamt 34 Schädel mit Schlagspuren aus der Großen Ofnethöhle bei Holheim unweit von Nördlingen (Kreis Donau-Ries) in Bayern. Es ist unklar, ob die mit großer Wucht ausgeführten Schläge lebende Menschen trafen und somit deren Tod bewirkten oder ob sie einem bereits Verstorbenen galten. Schnittspuren an den Halswirbeln zeigen, dass die Schädel mit Gewalt vom übrigen Körper getrennt wurden. Angebrannte Knochen und Kohlestücke liefern einen Anhaltspunkt dafür, dass die zu den Kopfbestattungen gehörenden Körper verbrannt worden sind. Die mittelsteinzeitlichen Kopfbestattungen erinnern an die Rituale mancher Naturvölker, bei denen der Kopf als wichtigster Teil des Menschen im Mittelpunkt stand und besonders verehrt wurde. Es ist aber auch von grausamen Menschenopfern, rituell motiviertem Kannibalismus, einer spezifischen Bestattungsart (Kopfbestattung), einem Ahnenkult (Schädelkult) oder einem kriegerischen Massaker die Rede.

Auch an Einzel-, Doppel- und Dreifachbestattungen machte man interessante Beobachtungen. So wurden manche Tote auf eine glühende Feuerstelle gelegt – vielleicht in der Hoffnung,

Einwandernde Ackerbauern und Viehzüchter
der Linienbandkeramischen Kultur (etwa 5.500 bis 4.900 v. Chr.)
mit Rindern und anderem Hab und Gut.
Zeichnung von Fritz Wendler (1941–1995)
für das Buch „Deutschland in der Steinzeit" (1991)
von Ernst Probst

sie so wieder zum Leben zu erwecken –, andere mit Steinen oder Hirschgeweih bedeckt oder mit Werkzeugen und Schmuck für das Jenseits versehen. Neben Einzelbestattungen gab es Kollektivbestattungen mit bis zu mehr als 40 Verstorbenen. In Hockerlage mit zum Körper hin angezogenen Knien wurden 23 Verstorbene auf der westfranzösischen Insel Téviec im Golfe du Morbihan bestattet. Dieser Fundort gehörte in der Mittelsteinzeit noch zum Uferland der Loire-Mündung. Bei den Toten von Téviec handelte es sich um sieben Männer, acht Frauen und acht Kinder. Man hatte sie alle mit rotem Farbstoff bestreut und unter Muschelhaufen zur letzten Ruhe gebettet. Nur etwa 30 Kilometer von Téviec entfernt liegt die Insel Hoedic im Golfe du Morbihan, auf der vier Männer, fünf Frauen und vier Kinder in Hockerlage mit zum Körper hin angezogenen Knien und mit Ocker überhäuft bestattet wurden. Als eines der eindrucksvollsten Beispiele für Bestattungen in einer Höhle gelten die Funde in der Caverna delle Arene Candide, die etwa 20 Kilometer von der italienischen Stadt Savona in Ligurien entfernt ist. Dort wurden in der Mittelsteinzeit 15 Erwachsene, Jugendliche und Neugeborene be-stattet.

Die mittelsteinzeitlichen Jäger, Fischer und Sammler hatten teilweise Kontakt mit Viehhirten der La Hoguette-Gruppe[13] (etwa 5.800 bis 5.500 v. Chr.) sowie Ackerbauern und Viehzüchtern der Linienbandkeramischen Kultur[14] (etwa 5.500 bis 4.900 v. Chr.). Funde von La Hoguette-Leuten kennt man aus Halle-Künebeck (Kreis Gütersloh) und Hiddenhausen (Kreis Herford). Von einem Kontakt mittelsteinzeitlicher Jäger mit bandkeramischen Bauern zeugt beispielsweise eine mittelsteinzeitliche Scheibenbeilklinge in einer bandkeramischen Grube von Salzkotten „Dreckburg" (Kreis Paderborn) hin. Ob Begegnungen zwischen diesen kulturell unterschiedlichen Menschen immer friedlich verliefen, wissen wir nicht.

*Rekonstruktion der Schädelbestattung aus der Mittelsteinzeit
in der Höhle Hohlenstein-Stadel bei Asselfingen (Alb-Donau-Kreis)
in Baden-Württemberg.
Originale in der Osteologischen Sammlung der Universität Tübingen,
Foto: Osteologische Sammlung der Universität Tübingen*

Gräber und Skelettreste aus der Mittelsteinzeit

Es ist erstaunlich, dass man in manchen Teilen von Deutschland einige Skelettreste, in anderen dagegen nur einen einzigen oder sogar keinen Skelettrest von Menschen aus der Mittelsteinzeit gefunden hat. Immerhin hat dieser Abschnitt der Menschheitsgeschichte in den meisten deutschen Bundesländern mehr als 4.000 Jahre lang gedauert. Nachfolgend eine Übersicht über die bisher aus Deutschland bekannten mittelsteinzeitlichen Gräber und menschlichen Skelettreste.

Baden-Württemberg
In Baden-Württemberg hat man in der Falkensteinhöhle bei Thiergarten (Kreis Sigmaringen), in der Höhle Hohlenstein-Stadel bei Asselfingen (Alb-Donau-Kreis) und in Blaubeuren-Altental (Alb-Donau-Kreis) menschliche Skelettreste geborgen. Die Knochen eines etwa 30 bis 40 Jahre alten, rund 1,70 Meter großen Mannes aus der Falkensteinhöhle, der um 7.200 v. Chr. lebte, wurden 1933 von dem Oberpostrat i. R. Eduard Peters (1869–1948) entdeckt. Bei dem Fund vom Sommer 1937 im Hohlenstein-Stadel mit einem Alter von mindestens 6.400 v. Chr. handelt es sich um drei Schädel, die der Tübinger Geologe und Prähistoriker Otto Völzing (1910–2001) und der Tübinger Anatom Robert Wetzel (1898–1962) bargen. Die Schädel stammen von einer ca. 20 Jahre alten Frau, einem etwa 20- bis 30jährigen Mann und einem zwei- bis vierjährigen Kind. In Blaubeuren-Altental entdeckte man zwischen 1949 und 1951 insgesamt 18 Skelettelemente, die von mindestens vier Menschen stammen. Die ersten Funde kamen im Herbst 1949 bei

Schädelbestattung in der Großen Ofnethöhle
bei Holheim (Kreis Donau-Ries) in Bayern.
Zeichnung des paläontologischen Zeichners
Anton Birkmaier (1869–1926) aus München,
die er nach einer Fotografie anfertigte.

der Anlage eines kleinen Parkplatzes unterhalb des Schotterwerkes E. Merkle dicht an einem Felsen im Blautal ans Tageslicht. Der Besitzer des Schotterwerkes, Eduard Merkle (1904–1951), barg einen Schädel. Zwischen 1949 und 1951 fand der Oberstudiendirektor Albert Kley (1901–2001) aus Geislingen bei der Nachsuche weitere Skelettelemente. Eine AMS-14C-Datierung des Schädels ergab ein Alter um 7.250 v. Chr. Unter dem Felsdach Inzigkofen (Kreis Sigmaringen) befand sich ein einzelner menschlicher Backenzahn. In der Jägerhaushöhle bei Fridingen-Bronnen (Kreis Tuttlingen) lagen zwei Kinderzähne..

Bayern
Die meisten Knochenreste von Menschen aus der Mittelsteinzeit in Deutschland wurden 1908 von dem Tübinger Prähistoriker Robert Rudolf Schmidt (1882–1950) in der Großen Ofnethöhle bei Holheim (Kreis Donau-Ries) in Schwaben (Bayern) entdeckt. Dort kamen insgesamt 34 Schädel von Männern, Frauen und Kindern zum Vorschein. Lange Zeit hatte man nur von 33 Schädeln gesprochen. Bei einer Nachuntersuchung der Ofnet-Schädel entdeckte 1936 der Münchner Anthropologe Theodor Mollison (1874–1952), dass man diesen Menschen den Schädel eingeschlagen hatte. In die Mittelsteinzeit wird auch der Schädel eines etwa 25 bis 35 Jahre alten Mannes datiert, der 1913 in Nähe des Eingangs der Halbhöhle Hexenküche am Kaufertsberg bei Lierheim (Kreis Donau-Ries) in Schwaben gefunden wurde. Mittelsteinzeitliches Alter sollen auch die Skelettreste von drei Menschen haben, die im Sommer 1982 im Innenhof von Burg Nassenfels (Kreis Eichstät) in Oberbayern geborgen wurden. Sie stammen von zwei Kindern im Alter von 2 und 4 Jahren sowie einem Jugendlichen zwischen 14 und 16 Jahren.

Schädel von Rhünda,
Stadtteil von Felsberg (Schwalm-Eder-Kreis) in Nordhessen.
Foto: Tecty / CC BY-SA 4.0 (via Wikimedia Commons),
lizensiert unter Creative-Commons-Lizenz by-sa-4.0,
https://creativecommons.org/licenses/by-sa/4.0/legalcode

Hessen
Von den Menschen der Mittelsteinzeit in Hessen liegen bisher keine mit Sicherheit datierbaren Skelettreste vor. Vielleicht gehört der auf ein Alter von etwa 12.000 bis 8.000 Jahren geschätzte Schädel aus dem Dorf Rhünda, einem Stadtteil von Felsberg (Schwalm-Eder-Kreis), in diese Zeit. Dieser Schädel wurde am 20. Juni 1956 von den zehnjährigen Schülern Reinhart Wendel und Günther Otys am Bachufer etwa 80 Zentimeter unter der Erdoberfläche entdeckt. Damals waren sie am Tag nach einem Unwetter mit ihrem Lehrer Eitel Glatzer (1916–2004) unterwegs. Der Fundort lag an einem neu entstandenen Ufer der Rhünda nahe ihrer Mündung in die Schwalm.

Nordrhein-Westfalen
Aus Nordrhein-Westfalen sind – wie erwähnt – einige Skelettreste von Menschen aus der Mittelsteinzeit bekannt. Jahrzehntelang bewahrte man in der ur- und frühgeschichtlichen Sammlung der Stadt Balve ein handtellergroßes menschliches Schädeldach aus der Balver Höhle (Märkischer Kreis) auf, dessen wahres Alter bis 2004 unbekannt war. Jenes Fossil ist bereits 1939 bei einer Grabung entdeckt worden. Nach Auflösung der Sammlung in Balve gelangte der Fund zu Beginn des 21. Jahrhunderts in die Obhut der LWl-Archäologie. Um das Schädeldach in der neuen Dauerausstellung im „LWL-Museum für Archäologie" in Herne richtig platzieren zu können, ließ man sein Alter im Datierungslabor der Universität in Groningen (Niederlande) datieren. Das Ergebnis überraschte: Der Fund stammt aus der frühen Mittelsteinzeit um 8.400 v. Chr.
Teilweise aus der frühen Mittelsteinzeit stammen auch menschliche Knochen, die bei Ausgrabungen in der Blätterhöhle am

Schädel einer Frau aus der Mittelsteinzeit
aus der Blätterhöhle am Weißenstein im Lennetal (Stadt Hagen)
in Nordrhein-Westfalen. Fund von 2004.
Foto: Ingo Kramer www.volmefoto.de / CC BY-SA 3.0
(via Wikimedia Commons),
lizensiert unter Creative-Commons-Lizenz by-sa-3.0,
https://creativecommons.org/licenses/by-sa/3.0/legalcode

Weißenstein im Lennetal (Stadt Hagen) zum Vorschein kamen. Ein in die Höhle führendes mit Laub verfülltes Loch wurde 1983 von Spelealogen des „Arbeitskreises Kluterhöhle e. V." entdeckt. Ausgrabungen in der Blätterhöhle erfolgten ab 2006. Etwas Besonderes sind drei von Menschenhand deponierte Oberschädel von ausgewachsenen Wildschweinen, denen die Eckzähne entfernt wurden. An Jagdbeuteresten von Reh und Rotwild sind Schlag- und Zerlegungsspuren zu erkennen. Die menschlichen Skelettreste von mehreren Personen, darunter auch Kleinkinder und Jugendliche, waren vermutlich bereits bei ihrer Niederlegung in der Blätterhöhle fragmentiert und haben sich wahrscheinlich vorher an einem anderen Platz befunden.

Aus der Mittelsteinzeit könnte auch ein 1911 beim Bau des Rhein-Herne-Kanals in Oberhausen vier Meter tief unter der Erdoberfläche geborgener Oberschädel ohne Zähne stammen. Er wurde durch den Berliner Anatomen Hans Virchow (1852– 1940) untersucht und 1911 beschrieben, wobei Virchow ein höheres geologisches Alter nicht ausschloss. Der Originalfund ging später durch Kriegswirren verloren. Im Bottroper Museum für Ur- und Ortsgeschichte" sowie im „Stadtarchiv Oberhausen" bewahrt man jedoch Abgusskopien auf.

Niedersachsen
Bisher sind zwei Ende der 1980er Jahre entdeckte Kinderskelette wahrscheinlich die einzigen Reste von Menschen aus der Mittelsteinzeit in Niedersachsen. Das erste Kinderskelett (Grab I) in gestreckter Rückenlage mit dem Kopf im Osten wurde 1988 bei Grabungen unter Leitung des Göttinger Kreisarchäologen Klaus Grote unter einem der insgesamt 14 Felsdächer an der Südflanke des Bettenroder Berges bei Reinhausen (Kreis Göttingen) im Abri IX entdeckt. Dabei

Bestattung eines Kindes (Grab I)
unter dem Felsdach Abri IX bei Reinhausen (Kreis Göttingen)
in Niedersachsen.
Foto: Landratsamt Göttingen

handelt es sich um das rund 75 Zentimeter große Skelett eines etwa anderthalbjährigen Jungen. Das zweite Kinderskelett (Grab II), auf der rechten Seite liegend mit zum Körper hin angezogenen Knien (Hockerlage), kam 1989 bei den Grabungen von Grote unter demselben Felsdach ungefähr 4 Meter von Grab I entfernt zum Vorschein. Es ist die Bestattung eines ca. 3 Jahre alten Mädchens, das etwa 85 Zentimeter groß war. Die Ergebnisse der 14C-Altersdatierungen von Knochenproben sind sehr widersprüchlich: Grab I kurz nach der Ausgrabung um 9.100 v. Chr. und 2009 um 460 v. Chr., Grab II kurz nach der Ausgrabung um Christi Geburt und 2009 um 800 v. Chr. Der Ausgräber Klaus Grote geht wegen der Lage der beiden Bestattungen und ihrer Beifunde von einer Zeitstellung im Spätmesolithikum aus. An beiden Kinderskeletten ließen sich Mangelerscheinungen im Knochenaufbau nachweisen.

Thüringen
Von den Menschen aus der Mittelsteinzeit in Thüringen kennt man nur aus Bottendorf, Ortsteil von Roßleben-Wiehe (Kyffhäuserkreis), aussagekräftige Skelettreste. Die Fundgeschichte der Gräber in Bottendorf begann am 14. März 1939 mit der Entdeckung eines menschlichen Skeletts durch den Arbeitsdienst. Am Tag darauf barg der Prähistoriker Friedrich Karl Bicker (1908–1967) aus Halle/Saale dieses von einem 20 bis 40 Jahre alten Mann stammende Skelett. Es wird in der Fachliteratur als Bottendorf I erwähnt. Eine 35 bis 45 Jahre alte Frau (Bottendorf II/1) sowie ein sieben bis acht Jahre altes Kind (Bottendorf II/2) hat man am 22. und 25. April 1939 in etwa 15 Meter Entfernung entdeckt. Die drei mittelsteinzeitlichen Toten von Bottendorf wurden mitten in der Siedlung bestattet. Vielleicht ist dies ein Hinweis dafür, dass man jenen

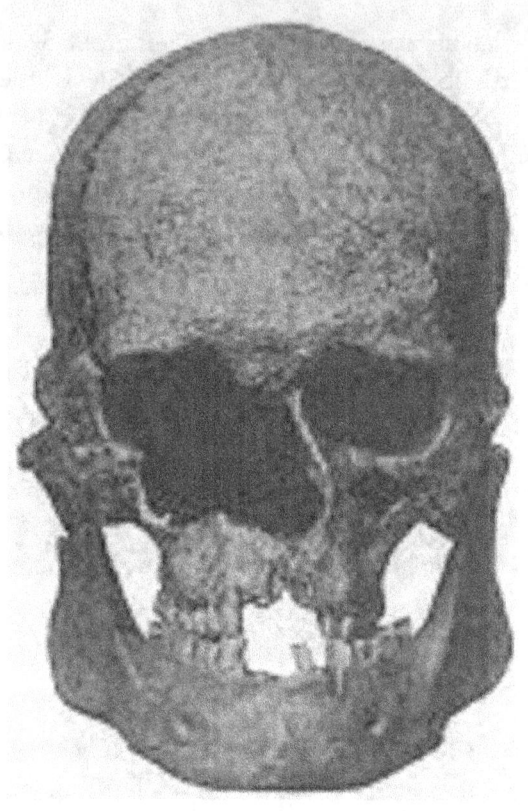

Oberschädelfund von 1939 aus der Mittelsteinzeit
von Bottendorf (Kyffhäuserkreis) in Thüringen,
ergänzt durch einen Unterkieferfund von 1914 aus der Altsteinzeit
von Oberkassel bei Bonn in Nordrhein-Westfalen.
Foto aus Gerhard Heberer / Friedrich-Karl Bicker:
Der mesolithische Fund von Bottendorf a. d. Unstrut.
Anthropologischer Anzeiger, Jahrgang 17, Heft 3/4,
Stuttgart 1940

Menschen auch nach dem Tode noch nahe sein wollte. Das am 15. März 1939 in Bottendorf geborgene Männerskelett wurde als „sitzender Hocker" vorgefunden, wodurch vielleicht die Vorstellung vom „Lebenden Leichnam" zum Ausdruck kommt. Dieser Fund war wie die beiden übrigen sitzenden mittelsteinzeitlichen Skelette von Bottendorf mit Rötel als der Farbe des Lebens oder zumindest der Festlichkeit bedeckt.

Sachsen-Anhalt
In Dürrenberg, seit 1935 Bad Dürrenberg (heute Saalekreis) in Sachsen-Anhalt kamen am 4. Mai 1934 bei Kanalisationsarbeiten mitten im Kurpark die Skelettreste einer 25 bis 35 Jahre alten Frau und eines Kleinkindes im Alter von einem halben bis einem Jahr zum Vorschein. Sie wurden in großer Eile durch den Restaurator Wilhelm Henning aus Halle/Saale geborgen, da der Kurpark bereits am nächsten Tag eingeweiht werden sollte. Die Frau war fast 1,60 Meter groß. Man hatte sie in hockender Haltung mit dem Säugling zwischen den Oberschenkeln bestattet. Ungewöhnliche Grabbeigaben der Frau (Rehgeweih, Tierzahnanhänger und Schildkrötenpanzer) werden als Requisiten einer Schamanin gedeutet. Die Bestattung in Bad Dürrenberg wurde 1977 von dem Prähistoriker Volkmar Geupel aus Dresden in die späte Mittelsteinzeit datiert, in der Jäger, Fischer und Sammler bereits Kontakte zu den jungsteinzeitlichen Ackerbauern und Viehzüchtern der Linienbandkeramischen Kultur (etwa 5.500 bis 4.900 v. Chr.) hatten. Bestattungssitte und Beigaben sprachen laut Geupel für die Mittelsteinzeit, eine ebenfalls mitgegebene Flachhacke aus Hornblendeschiefer stammte dagegen bereits aus dem jungsteinzeitlichen Kulturmilieu. Die Radiokarbon-Datierung einiger Knochen ergab ein Alter zwischen 7.000 und 6.200 v. Chr., was gegen eine Begegnung von Jägern und Bauern spricht.

Die Schauspielerin, Gästeführerin und Buchautorin Petra Paetzold
aus Bad Dürrenberg,
stilvoll gekleidet als „Schamanin von Bad Dürrenberg".
Foto: Uwe Heinze

Weitgehend erhalten ist das Skelett einer mehr als 50jährigen Frau, das im Juli 1984 auf dem Weinberg südlich von Unseburg (Salzlandkreis) in Sachsen-Anhalt gefunden wurde. Diese Bestattung kam bei Grabungen des Landesmuseums für Vorgeschichte in Halle/Saale zum Vorschein, an der sich auch andere Helfer beteiligten. Die Frau ruhte auf der linken Seite mit zum Körper angezogenen Beinen. Ihre Grabbeigaben – Feuersteinabschläge und zwei Dreiecksmikrolithen aus Feuerstein – ließen erkennen, dass sie in der Mittelsteinzeit gelebt hatte. Sie war 1,57 Meter groß.

Sachsen
Nach der Bestattungssitte zu schließen, gehört ein 1930 auf dem Schafberg bei Niederkaina (Kreis Bautzen, obersorbisch: Wokrjes Budyšin) in Sachsen entdecktes Grab in die späte Mittelsteinzeit. Im dortigen Sandboden waren die menschlichen Knochen bei der Entdeckung des Grabes jedoch schon verwest. Sandboden entzieht Knochen das Kalzium, weshalb sie dann schneller zerfallen.

Auch in den 1983 bei Begehungen im Braunkohlen-Tagebauvorfeld aufgespürten fünf Gräbern südlich von Schöpsdorf (Kreis Görlitz) in Sachsen hatten sich die Skelettreste von Jägern und Sammlern im Sandboden bereits aufgelöst. Diese Gräber waren auf zwei Dünenkuppen (Fundstelle 2 und Fundstelle 14) verteilt und rund 300 Meter voneinander entfernt. Ein Grab scheint nahe eines Lagerplatzes angelegt worden zu sein. Zumindest noch Zahnreste befanden sich in Grab 2 der Fundstelle 2 und in Grab 1 der Fundstelle 14. Dass es sich um Bestattungen aus der Mittelsteinzeit handelte, zeigten Rötelverfärbungen und in vier Gräbern auch typische Feuersteingeräte. Grab 2 von Fundstelle 2 (auch Schöpsdorf 2) enthielt eine kurze trapezförmige Pfeilspitze, wie sie für die jüngere Mit-

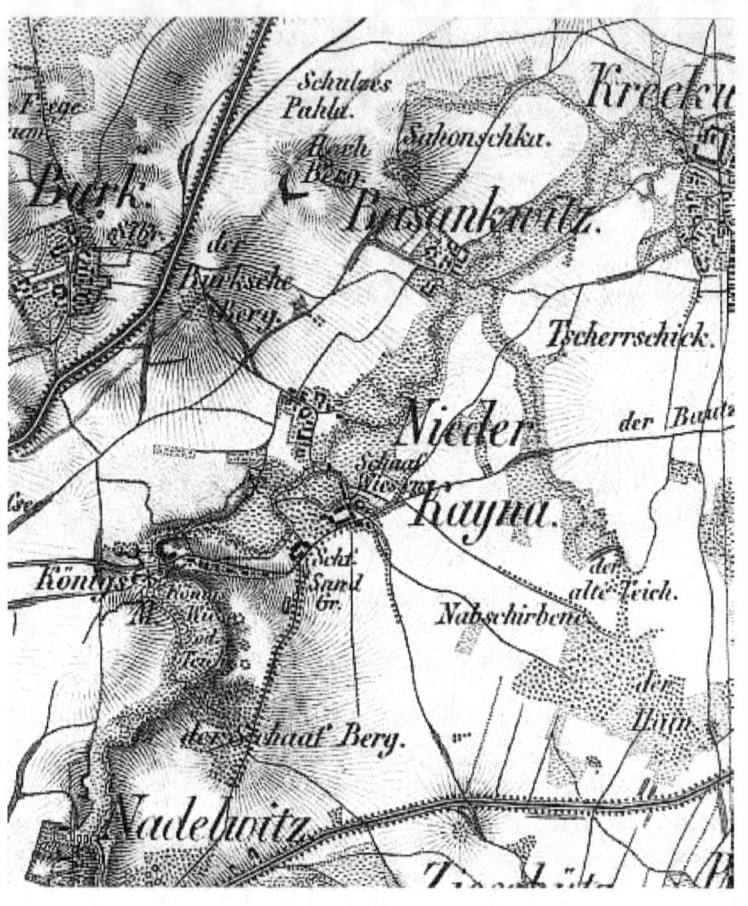

Niederkaina (früher Nieder-Kayna) auf einer Karte von 1844/46.
Der Schafberg (früher Schaafberg) liegt südwestlich von Niederkaina.
Bild: Deutsche Fotothek, Archivar Günter Rapp (1935–1990)
(via Wikimedia Commons),
Lizenz: gemeinfrei (Public domain)

telsteinzeit typisch ist. Grab 1 von Fundstelle 14 (Schöpsdorf 14) bestand gleichzeitig wie die bäuerliche Linienbandkeramische Kultur. Das Dorf Schöpsdorf (obersorbisch: Sepsecy) wurde 1967 nach Merzdorf eingemeindet und ab 1981 vom Tagebau Bärwalde überbaggert.

Brandenburg
Für einen menschlichen Schädeldachrest und zwei Zähne bei Friesack (Kreis Havelland), etwa 60 Kilometer nordwestlich von Berlin, ist die Zuordnung zur mittelsteinzeitlichen Duvensee-Gruppe (etwa 7.000 bis 6.000 v. Chr.) gesichert. Diese Kulturstufe ist nach dem Fundort Duvenseer Moor (Kreis Herzogtum Lauenburg) in Schleswig-Holstein benannt. Der Schädelrest und die beiden Zähne von Friesack wurden bei den Grabungen des Potsdamer Prähistorikers Bernhard Gramsch am Fundplatz Friesack 4 entdeckt. Dies ist ein Talsandhügel innerhalb des Warschau-Berliner-Urstromtales, das in der Weichsel-Eiszeit entstanden ist.

Ein bedeutender Bestattungsplatz aus der jüngeren Mittelsteinzeit zwischen etwa 6.400 und 4.900 v. Chr. lag auf dem Weinberg bei Groß Fredenwalde (Kreis Uckermark) in Brandenburg. Die dort beerdigten Menschen gelten als die letzten Jäger, Fischer und Sammler kurz vor dem Beginn der „neolithischen Revolution" mit dem Aufkommen von Ackerbau und Viehzucht in Norddeutschland. Auf den Bestattungsplatz wurde man 1962 beim Ausheben einer Baugrube für einen Signalmast auf dem Gipfel des Weinbergs aufmerksam. Dabei hat man Skelettreste von sechs Personen notdürftig geborgen: zwei Männer, 30 bis 39 und 40 bis 49 Jahre alt und 1,56 Meter groß, eine Frau, 40 bis 49 Jahre alt sowie 1,52 Meter groß, drei Kinder im Alter von 3 bis 4, 4 bis 5 und 7 bis 8 Jahren. Die Toten wurden mit rotem Ocker bestreut und mit Grabbeigaben

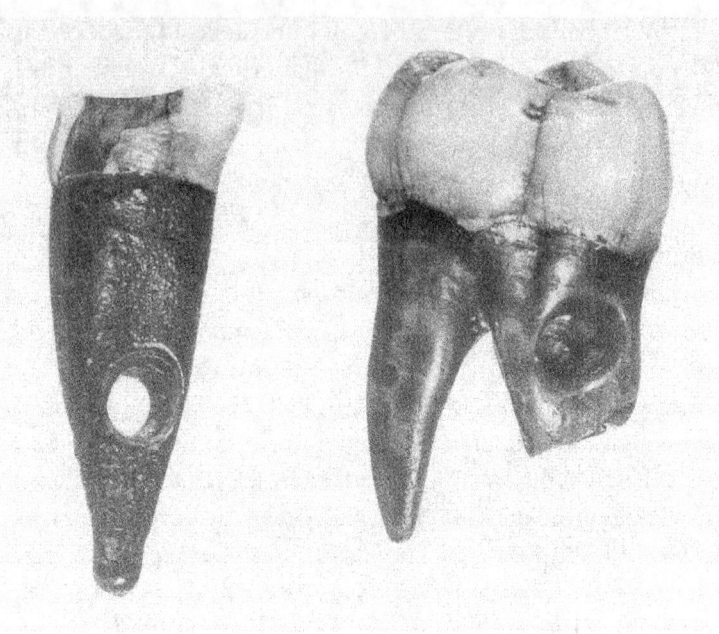

*Durchbohrte Menschenzähne aus der Zeit
der Duvensee-Gruppe (etwa 7.000 bis 6.000 v. Chr.)
von Friesack 4 (Kreis Havelland) in Brandenburg,
die als Kettenschmuck verwendet wurden.
Links Eckzahn (1,95 Zentimeter hoch), rechts Backenzahn.
Originale im Museum für Ur- und Frühgeschichte Potsdam.
Foto: Museum für Ur- und Frühgeschichte Potsdam*

– Knochenpfrieme, Feuersteinklingen und Feuersteinabschläge
– versehen. An einem Schädel befanden sich durchbohrte
Tierzahnanhänger, die offenbar auf einem Band aufgefädelt
waren. Auf Initiative des Prähistorikers Thomas Terberger
erfolgten 2012, 2014, 2019 und 2020 Nachuntersuchungen auf
dem Weinberg. Bei den Ausgrabungen von 2014 entdeckte man
die Reste von drei Menschen. Ein um 5.000 v. Chr. gestorbener,
25 Jahre alter und 1,56 Meter großer Mann wurde aufrecht
stehend in einer offenen gelassenen Grube bestattet. Erst als
der Körper zerfallen war, schüttete man die Grube zu und
zündete darüber ein Feuer an. Weil man ihn mit Feuerstein-
Artefakten und zwei Knochenwerkzeugen als Beigaben
austattete, betrachtet man ihn als Handwerker. Aus der Zeit
um 6.400 v. Chr. stammt ein Kleinkind im Alter von etwa einem
halben bis einem Jahr, das man bei der Bestattung mit Ocker
bestreut hatte. 2019 und 2020 wurde auf dem Weinberg jeweils
ein weiteres Grab entdeckt. Insgesamt sind von 1962 bis 2020
auf dem Bestattungsplatz von Groß Fredenwalde elf Bestattungen gefunden worden.

Weitere menschliche Skelettreste aus der Mittelsteinzeit in
Brandenburg liegen aus Berlin-Schmöckwitz, bei Königs
Wusterhausen und Rathsdorf vor. In Berlin-Schmöckwitz,
früher ein Fischerdorf, heute ein Ortsteil des Berliner Bezirks
Treptow-Köpenick, stieß 1925 der Oberstudiendirektor Karl
Hohmann (1886–1969) aus Eichwalde bei Berlin nahe der
Dahme auf drei Bestattungen aus der älteren Mittelsteinzeit.
Bei einer davon handelte es sich um einen 1,55 bis 1,60 Meter
großen Mann mit bemerkenswert großem Schädel.

Von dem Amateur-Archäologen Karl Hohmann wurde 1956
auch der Bericht über eine mittelsteinzeitliche Bestattung
veröffentlicht, die 1955 in Kolberg am Wolziger See (Kreis
Dahme-Spreewald) entdeckt worden war. Dort hatte man eine

Prähistoriker Thomas Terberger,
seit April 2013 am Niedersächsischen Landesamt für Denkmalpflege
in Hannover.
Foto: Axel Hindemith / CC BY-SA 3.0
(via Wikimedia Commons),
lizensiert unter Creative-Commons-Lizenz by-sa-3.0,
https://creativecommons.org/licenses/by-sa/3.0/legalcode

etwa 20 bis 25 Jahre alte Frau mit einer Körpergröße von 1,42 Meter begraben.

2008 kam vor dem Bau einer neuen Erdgasleitung (Ostsee-Pipeline-Anbindungsleitung = „Opal") in Rathsdorf (Kreis Märkisch Oderland) etwa 85 Zentimeter unter der Erdoberfläche ein weibliches Skelett aus der späten Mittelsteinzeit zum Vorschein. Auf dieses war man durch ein bei der Probegrabung unter Leitung von Ralph Lehmpfuhl entdecktes Schlüsselbein aufmerksam geworden. In der Presse wurde dieser Fund irrtümlich als „Märkischer Ötzi" bezeichnet. Zu den Grabbeigaben der Frau gehörten eine Knochenspitze, drei Feuersteinartefakte und mindestens 134 Tierzähne.

Mecklenburg-Vorpommern
Eine Einstufung in die mittelsteinzeitliche Duvensee-Gruppe wird für die Skelettreste von drei Menschen aus Nehringen (Kreis Vorpommern-Rügen) und ein Skelett aus Plau am See (Kreis Ludwigslust-Parchim), beide in Mecklenburg-Vorpommern, erwogen.
Die Skelettreste von drei Menschen in angeblich sitzender Hockerstellung aus Nehringen wurden 1923 entdeckt. Bei ihnen sollen sich einige einfache Feuersteinklingen befunden haben. Diese Skelettreste hat man weder fachmännisch geborgen, noch existieren davon Zeichnungen, Fotos oder exakte Beschreibungen dieser Funde. Auch ihr Verbleib ist leider unbekannt.
Auf das Skelett aus Plau am See stieß man 1846 in dem Weinberg, der heute Klüschenberg heißt. Es lag etwa 1,80 Meter tief unter der Erdoberfläche im Kiessand. Bedauerlicherweise wurde dieser seltene Fund von Arbeitern zerschlagen. Die Skelettreste gelangten in den Besitz eines Einwohners aus Plau, der sie dem als Heimatforscher bekannten Pastor Johann Ritter

Schweriner Archivar und Prähistoriker
Friedrich Lisch (1801–1883).
Ölgemälde von Theodor Schloepke (1812–1878) um 1865.
Bild (via Wikimedia Commons),
Lizenz: gemeinfrei (Public domain)

(1799–1880) aus Vietlübbe schenkte. Der Fund wurde 1847 durch den Schweriner Archivar und Prähistoriker Friedrich Lisch (1801–1883) beschrieben. Ritter war ab 1843 evangelisch-lutherischer Geistlicher in Vietlübbe. 1848 hat man ihn bei der Wahl zur Mecklenburgischen Abgeordnetenversammlung in einer Nachwahl im Wahlkreis Mecklenburg-Schwerin 47: Lübz zum Abgeordneten gewählt. Damals schloss er sich der Reformpartei-Fraktion der Linken an und wurde in den volkswirtschaftlichen Ausschuss gewählt. Wegen seiner politischen Aktivität kam es 1849 zu einem kirchenaufsichtlichen Verfahren gegen ihn vor dem großherzoglichen Konsistorium, was 1852 zu seiner Amtsenthebung führte. 1854 kaufte er mit finanzieller Unterstützung von Freunden die Erbpachtstelle Rostock-Friedrichshöhe und befasste sich fortan mit Blumenzucht und Düngeversuchen. Seinen Ruhestand verbrachte er ab 1876 in Rostock. Ritter veröffentlichte nahezu hundert Aufsätze und Meldungen in den „Jahrbüchern des Vereins für mecklenburgische Geschichte und Altertumskunde", dem er als Mitglied angehörte.

Der Pariser Zoologe Paul Gervais (1816–1879)
prägte um 1867 den Begriff Holozän.
Porträt aus „Popular Science Monthly", Volume 31, 1887
(via Wikimedia Commons),
Lizenz: gemeinfrei (Public domain)

Anmerkungen

1] Der Begriff Holozän wurde um 1867 durch den Pariser Zoologen Paul Gervais (1816–1879) geprägt. Dieser Name fußt darauf, dass im Holozän (griechisch: holos = ganz, kainos [latinisiert: caenus] = neu) die Mollusken mit wenigen Ausnahmen bereits den heutigen entsprachen.

2] Der Name Präboreal (Zeit vor dem Boreal) wurde vermutlich um 1876 durch den norwegischen Botaniker Axel Blytt (1843–1918) geprägt.

3] Auch der Ausdruck Boreal wurde vermutlich um 1876 von Axel Blytt (s. Anm. 2) eingeführt

4] Auch der Begriff Atlantikum wurde vermutlich um 1876 von Axel Blytt (s. Anm. 2) verwendet.

5] Die Fundstelle im Erfttal bei Bedburg lag mitten im Braunkohletagebau Garzweiler. Dort waren Ablagerungen eines alten Flussarmes der Erft erhalten geblieben. Über der Fundstelle entstand schon einige Jahrzehnte vor der Entdeckung ein mehr als 50 Meter hoher Abraumberg des Tagebaus, der sogenannte Pielsbusch. Als dieser Berg wieder abgetragen wurde, um die darunterliegende Kohle zu fördern, blieb wegen einer Baggerpanne ein etwa 20 Meter breiter Block mit Torfen und Sanden des alten Erftbettes stehen. Im Herbst 1987 kamen in wesentlich älteren Schottern der Erft Mammut- und Fellnashornknochen zum Vorschein. Eine Nachuntersuchung an dieser Fundstelle der schätzungsweise 200.000 Jahre alten Tierknochen lenkte den Blick auch auf den stehengebliebenen Block in der Nachbarschaft. Bei näherer Untersuchung wurden in dem Block Tierknochen entdeckt, darunter ein kapitales Hirschgeweih mit einem Stück vom Schädeldach, auf dem zwei von Menschenhand hergestellte Durchlochungen zu erkennen sind. Dieser Fund führte im Winter 1987/88 zu Ausgrabungen des Forschungsbereiches Altsteinzeit des Römisch-Germanischen Zentralmuseums Mainz im Auftrag des Rheinischen Amtes für Bodendenkmalpflege unter der Leitung des Prähistorikers Martin Street. Dabei wurden Jagdbeutereste und Geräte geborgen.

6] Der Fundplatz Scherpenseel wurde 1974 bei Rekultivierungsarbeiten und Aufforstungen angeschnitten. 1975/76 nahm dort der Prähistoriker Surendra Kumar Arora, der damals Stadtheimatpfleger in Übach-Palenberg war, Ausgrabungen vor.

7] Der Fundplatz Gustorf 8 wurde 1966 bei der archäologischen Landesaufnahme des ehemaligen Kreises Grevenbroich durch die Archäologin Johanna Brandt (1922–1996) und den Heimatforscher Heinz Walter Gerresheim (1930–2018) entdeckt. Im Sommer 1971 fanden dort Ausgrabungen statt.

8] In Zonhoven haben 1907 der Lütticher Professor Joseph Hamal-Nandrin (1869–1958) und der Konservator am Museum Curtius in Lüttich, Jean Servais (1871–1969), gegraben.

9] Die Fundstelle Beck bei Löhne wurde von dem Oberstudienrat und Heimatforscher Friedrich Langewiesche (1867–1958) aus Bünde entdeckt.

10] Die Fundstelle Gahlen wurde 1922 von dem Essener Geologen und Direktor des Ruhrlandmuseums, Ernst Kahrs (1876–1948), entdeckt.

11] Die Fundstelle Stimberg wurde durch den Prähistoriker Karl Brandt (1898–1974) aus Herne aufgespürt.

12] Auch die Fundstelle Emscher III wurde von Karl Brandt (s. Anm. 11) entdeckt.

13] Der Name La Hoguette-Gruppe (auch La Hoguette-Kultur) wurde 1983 von dem französischen Prähistoriker Christian Jeunesse aus Straßburg geprägt. Er erkannte die Ähnlichkeit von Keramikfunden aus dem Elsaß und der burgundischen

Pforte (Bavans, Département Doubs) mit dem Material des Fundortes La Hoguette. An letzterem Ort im französischen Département Calvados in der Normandie waren bei Ausgrabungen Keramikreste dieser bisher unbekannten Gruppe oder Kultur zum Vorschein gekommen.

14] Der Begriff Bandkeramik wurde 1884 durch den Kunsthistoriker Friedrich Klopfleisch (1831–1898) aus Jena eingeführt. Von Linearkeramik sprach 1902 als erster der Stadt-arzt und Urgeschichtsforscher Alfred Schliz (1849–1915) aus Heilbronn. Der daraus abgeleitete Name Linienbandkeramische Kultur basiert auf der bänderartigen Verzierung der Tongefäße dieser Kultur.

Rekonstruktion eines jungen Homo sapiens aus der Mittelsteinzeit.
Foto: Matteo De Stefano / Muse = Museo della Science, Trento /
CC BY-SA 3.0,

Literatur

ADRIAN, Walther: Beiträge zur Steinzeitforschung in Ostwestfalen, Teil II: Von der Mittleren Steinzeit bis zur Jüngeren Steinzeit. In: 14. Jahresbericht des Naturwissenschaftlichen Vereins zu Bielefeld und Umgegend über die Jahre 1954 und 1955, Bielefeld 1956.

ARORA, Surendra-Kumar: Ein verziertes Knochenstück vom mesolithischen Fundplatz Gustorf, Kr. Grevenbroich. In: Archäologisches Korrespondenzblatt, S. 279, Mainz 1974.

ARORA, Surendra-Kumar: Die mittlere Steinzeit im westlichen Deutschland und in den Nachbargebieten. In: Rheinische Ausgrabungen, Band 17, S. 1–68, Köln/Bonn 1976.

ARORA, Surendra-Kumar: Ist es ein Vogelkopf? Der erste verzierte mittelsteinzeitliche Knochenfund im Rheinland? In: Rheinisches Landesmuseum, S. 17, Bonn 1975.

BAALES, Michael: Ein frühmesolithischer Menschenrest aus der Balver Höhle. In: Westfalen in der Alt- und Mittelsteinzeit. Herausgegeben von der LWL-Archäologie für Westfalen, Michael M. Rind und der Altertumskommission für Westfalen, Aurelia Dickers, S. 81, Münster 2014.

BAALES, Michael: Steinzeitliche Kunst in Feuerstein – zwei dekorative Kerne aus Südwestfalen. In: Westfalen in der Alt- und Mittelsteinzeit. Herausgegeben von der LWL-Archäologie für Westfalen, Michael M. Rind und der Altertumskommission für Westfalen, Aurelia Dickers, S. 198–199, Münster 2014.

BAALES, Michael: Welt im Wandel. Leben am Ende der letzten Eiszeit, Darmstadt 2016.

BAALES, Michael / POLLMANN, Hans-Otto / STAPEL, Bernhard: Westfalen in der Alt- und Mittelsteinzeit. Herausgegeben von der LWL-Archäologie für Westfalen, Michael M. Rind und der Altertumskommission für Westfalen, Aurelia Dickers, Münster 2014.

BAALES, Michael / POLLMANN, Hans-Otto / STAPEL, Bernhard: Westfalen im Mesolithikum. In: Westfalen in der Alt- und Mittelsteinzeit. Herausgegeben von der LWL-Archäologie für Westfalen, Michael M. Rind und der Altertumskommission für Westfalen, Aurelia Dickers, S. 168–174, Münster 2014.

BOSINSKI, Gerhard: Paläolithikum und Mesolithikum im Rheinland. In: KUNOW, Jürgen / WEGNER, Hans-Helmut (Herausgeber): Urgeschichte im Rheinland. Jahrbuch 2005 des Rheinischen Vereins für Denkmalpflege und Landschaftsschutz, S. 101–158, Köln 2007.

BRANDT, Karl: Mittelsteinzeitliche Fundstellen am Niederrhein. In: Bonner Jahrbücher, S. 5–26, Bonn 1950.

BUBERT, Ingo; Dr. Johanna Brandt 1922–1996, Preetz 2002.

CAPELLE, Torsten: Bilder zur Ur- und Frühgeschichte des Sauerlandes, Brilon 1982.

DÖRRLAMM, Rolf: Der Zauberer, der verhindern sollte, daß der große Wald noch größer wurde. In: Allgemeine Zeitung, Mainz. Stadtnachrichten, S. 7, 11. Februar 1988.

GRÜNBERG, Judith M.: Mesolithische Bestattungen in Europa, ein Beitrag zur vergleichenden Gräberkunde. In: Internationale Archäologie, Band 40, Rahden 2000 (Dissertation).

HEBERER, Gerhard Heberer / BICKER, Friedrich-Karl: Der mesolithische Fund von Bottendorf a. d. Unstrut.

Anthropologischer Anzeiger, Jahrgang 17, Heft 3/4, Stuttgart 1940.

HEINEN, Martin: The Rhine-Meuse-Schelde Culture in Western Europe. In: STREET, Martin / BAALES, Michael / CZIESLA, Erwin / HARTZ, Sönke / HEINEN, Martin / JÖRIS, Olaf / KOCH, Ingrid / PASDA, Clemens / TERBERGER, Thomas / VOLLBRECHT, Jürgen: Final Palaeolithic and Mesolithic Research in Reunified Germany. Journal of World Prehistory 15, 4, S. 400–403, 2001.

HEINEN, Martin: The Rhine-Meuse-Schelde Culture in Western Europe. Distribution, chronology and development. In: KIND: Claus-Joachim (Herausgeber): After the Ice Age. Materialhefte zur Archäologie in Baden-Württemberg, 78, S. 75–86, Stuttgart 2006.

JEUNESSE, Christian: Rapports avec la Néolithique ancien d'Alsace de al céramique danubienne de La Hoguette (á Fontenay-le-Marmion, Calvados). In: Actes du Xe Colloque Interrégional sur le Néolithique, Caen 30 septembre – 2 octobre 1983. Revue Archéolique de l'Ouest, Rennes 1986.

KLOPFLEISCH, Friedrich: Die Grabhügel von Leubingen, Sömmerda und Nienstedt. Vorangehend: Allgemeine Einleitung. Charakteristik und Zeitfolge der Keramik Mitteldeutschlands. Aus: Vorgeschichtliche Alterthümer der Provinz Sachsen und angrenzender Gebiete, Heft I und II, S. 92–102, Halle/Saale 1883 und 1884.

MUSEEN NORD: Bildnis von Hermann Schwabedissen (1918–1994).
http://www.museen-nord.de/Objekt/DE-MUS-076111/lido/P8-S-224

ORSCHIEDT, Jörg: Ergebnisse einer neuen Untersuchung der spätmesolithischen Kopfbestattungen aus Süddeutschland. In: CONARD, Nicholas John / KIND, Claus Joachim (Herausgeber): Aktuelle Forschungen zum Mesolithikum – Current Mesolithic Research (Urgeschichtliche Materialhefte, Band 12), S. 147–160, Tübingen 1998.

ORSCHIEDT, Jörg / ALBERS, Frederike / GEHLEN, Birgit / GRÖNING, Flora / SCHÖN, Werner: Menschenreste und Besiedlungsspuren – die mesolithische Blätterhöhle. In: Westfalen in der Alt- und Mittelsteinzeit. Herausgegeben von der LWL-Archäologie für Westfalen, Michael M. Rind und der Altertumskommission für Westfalen, Aurelia Dickers, S. 175–180, Münster 2014.

ORSCHIEDT, Jörg / GEHLEN, Birgit / SCHÖN, Werner / GRÖNING, Flora: Die Blätterhöhle – Eine neu entdeckte steinzeitliche Fundstelle in Hagen/Westfalen. In: OTTEN, Thomas / HELLENKEMPER, Hansgerd / KUNOW, Jürgen / RIND, Michael Maria (Herausgeber): Fundgeschichten – Archäologie in Nordrhein-Westfalen, S. 52–54, Mainz 2010.

ORSCHIEDT, Jörg / GRÖNING, Flora: Die menschlichen Skelettreste aus der Blätterhöhle, Stadt Hagen. In: ANDRASCHKO, Frank / KRAUS, Barbara / MELLER, Birte (Herausgeber): Archäologie zwischen Befund und Rekonstruktion. Ansprache und Anschaulichkeit. Festschrift für Prof. Dr. Renate Rolle zum 65. Geburtstag, S. 349–361, Hamburg 2007.

PAETZOLD, Frank / PAETZOLD, Petra: Die Schamanin von Bad Dürrenberg, Norderstedt 2019.

PROBST, Ernst: Westliche Nachbarn der Linienbandkeramiker. La Hoguette- und Limburg-Gruppe. In: PROBST, Ernst: Deutschland in der Steinzeit. Jäger, Fischer und Bauern zwischen Nordseeküste und Alpenraum, S. 269–271, München 1991.

PROBST, Ernst: Rekorde der Urmenschen. Erfindungen, Kunst und Religion, München 1992.

SCHÄFER, Sonja. Schwantes, Gustav Martin Heinrich. In: Neue Deutsche Biographie 23, S. 790–791, 2007 (Online-Version) https://www.deutsche-biographie.de/sfz109249.html

SCHUMACHER, Erich: Ernst Kahrs, der erste Direktor des Ruhrlandmuseums. In: Sonderdruck aus Beiträge zur Geschichte von Stadt und Stift Essen, Heft 94, Essen 1979.

SCHWABEDISSEN, Hermann: Die mittlere Steinzeit im westlichen Norddeutschland, Neumünster 1944.

SCHWABEDISSEN, Hermann: Karl Brandt 15. April 1898 – 2. Juli 1974. In: Archäologische Informationen, Band 4, S. 207, Kerpen-Loogh 1978.

SCHWANOLD, Heinrich. Die mesolithische Siedlung an den Retlager Quellen. In: Mitteilungen aus der lippischen Geschichte und Landeskunde Nr. 14, S. 94–113, Detmold 1933.

SCHWANTES, Gustav: Der frühneolithische Wohnplatz von Duvensee. In: Prähistorische Zeitschrift, S. 175–177, Berlin 1925.

SCHWANTES, Gustav: Vorgeschichte Schleswig-Holsteins. 1. Stein- und Bronzezeit, Neumünster 1939.

STAPEL, Bernhard: Westintegration vor 9000 Jahren? – Funde des Rhein-Maas-Schelde-Mesolithikums. In: Westfalen in der Alt- und Mittelsteinzeit. Herausgegeben von der LWL-Archäologie für Westfalen, Michael M. Rind und der Altertumskommission für Westfalen, Aurelia Dickers, S. 217–218, Münster 214.

STAPEL, Bernhard / BAALES, Michael / POLLMANN, Hans-Otto: Frühmesolithische Knochen- und Geweihgeräte aus Westfalen. In: Westfalen in der Alt- und Mittelsteinzeit. Herausgegeben von der LWL-Archäologie für Westfalen, Michael M. Rind und der Altertumskommission für Westfalen, Aurelia Dickers, S. 200–202, Münster 2014.

STIEVE, Hermann: Hans Virchow zum Gedenken. In: Anatomischer Anzeiger, S. 297–349, Jena 1942.

STREET, Martin: Jäger und Schamanen. Bedburg-Königshoven – Ein Wohnplatz am Niederrhein vor 10000 Jahren, Mainz 1989.

STREET, Martin: Ein frühmesolithischer Fund und Hundeverbiß an Knochen vom Fundplatz Bedburg-Königshofen, Niederrhein. In: Archäologische Informationen, S. 203–215, Köln 1990.

WIKIPEDIA (Online-Lexikon): Friedrich Langewiesche
https://de.wikipedia.org/wiki/Friedrich_Langewiesche
WKIPEDIA (Online-Lexikon): Mittelsteinzeit
https://de.wikipedia.org/wiki/Mittelsteinzeit
WIKIPEDIA (Online-Lexikon): Rhein-Maas-Schelde-Mesolithikum
https://de.wikipedia.org/wiki/Rhein-Maas-Schelde-Mesolithikum

*Mittelsteinzeitliche Hirschjäger in Star Carr,
North Yorkshire (England).
In „Illustrated London News" im Februar 1951
veröffentlichte Zeichnung von Alan Sorrel (1904–1974).
Wegen der Feuchtbodenerhaltung gilt Star Carr
als die an Artefakten aus Holz und Knochen reichste
mesolithische Fundstätte Englands.
Bild: Alan Sorrell / CC BY-SA 4.0 / (via Wikimedia Commons),
lizensiert unter Creative-Commons-Lizenz by-sa-4.0,
https://creativecommons.org/licenses/by-sa/4.0/legalcode*

Autor Ernst Probst.
Foto: Klaus Benz, Fotograf, Mainz-Laubenheim

Der Autor

Ernst Probst, geboren am 20. Januar 1946 in Neunburg vorm Wald im bayerischen Regierungsbezirk Oberpfalz, ist Journalist und Wissenschaftsautor. Er arbeitete von 1968 bis 1971 bei den „Nürnberger Nachrichten", von 1971 bis 1973 in der Zentralredaktion des „Ring Nordbayerischer Tageszeitungen" in Bayreuth und von 1973 bis 2001 bei der „Allgemeinen Zeitung", Mainz. In seiner Freizeit schrieb er Artikel für die „Frankfurter Allgemeine Zeitung", „Süddeutsche Zeitung", „Die Welt", „Frankfurter Rundschau", „Neue Zürcher Zeitung", „Tages-Anzeiger", Zürich, „Salzburger Nachrichten", „Die Zeit", „Rheinischer Merkur", „Deutsches Allgemeines Sonntagsblatt", „bild der wissenschaft", „kosmos", „Deutsche Presse-Agentur" (dpa), „Associated Press" (AP) und den „Deutschen Forschungsdienst" (df). Aus seiner Feder stammen die Bücher „Deutschland in der Urzeit" (1986), „Deutschland in der Steinzeit" (1991), „Rekorde der Urzeit" (1992), „Dinosaurier in Deutschland" (1993 zusammen mit Raymund Windolf) und „Deutschland in der Bronzezeit" (1996). Von 2001 bis 2006 betätigte sich Ernst Probst als Buchverleger sowie zeitweise als internationaler Fossilien-händler und Antiquitätenhändler. Insgesamt veröffentlichte er mehr als 300 Bücher, Taschenbücher, Broschüren und über 300 E-Books.

Menschen der Mittelsteinzeit vor ihrer Behausung.
Gemälde von Fritz Wendler (1941–1995) für das Buch
„Deutschland in der Steinzeit" (1991) von Ernst Probst

Bücher von Ernst Probst

(Auswahl)

Als Mainz noch nicht am Rhein lag
Archaeopteryx. Die Urvögel in Bayern
Christl-Marie Schultes. Die erste Fliegerin in Bayern
(zusammen mit Theo Lederer)
Der Europäische Jaguar
Der Mosbacher Löwe. Die riesige Raubkatze aus Wiesbaden
Der Rhein-Elefant. Das Schreckenstier von Eppelsheim
Der Schwarze Peter. Ein Räuber im Hunsrück und
Odenwald
Der Ur-Rhein. Rheinhessen vor zehn Millionen Jahren
Deutschland im Eiszeitalter
Deutschland in der Frühbronzezeit
Deutschland in der Mittelbronzezeit
Deutschland in der Spätbronzezeit
Die Aunjetitzer Kultur in Deutschland
Die Straubinger Kultur in Deutschland
Die Singener Gruppe
Die Arbon-Kultur in Deutschland
Die Ries-Gruppe und die Neckar-Gruppe
Die Adlerberg-Kultur
Der Sögel-Wohlde-Kreis
Die nordische Bronzezeit in Deutschland
Die Hügelgräber-Kultur in Deutschland
Die ältere Bronzezeit in Nordrhein-Westfalen
Die Bronzezeit in der Lüneburger Heide
Die Stader Gruppe

Die Oldenburg-emsländische Gruppe
Die Urnenfelder-Kultur in Deutschland
Die ältere Niederrheinische Grabhügel-Kultur
Die Unstrut-Gruppe
Die Helmsdorfer Gruppe
Die Saalemündungs-Gruppe
Die Lausitzer Kultur in Deutschland
Die Dolchzahnkatze Megantereon
Die Dolchzahnkatze Smilodon
Die Säbelzahnkatze Homotherium
Die Säbelzahnkatze Machairodus
Die Schweiz in der Frühbronzezeit
Die Rhône-Kultur in der Westschweiz
Die Arbon-Kultur in der Schweiz
Die Schweiz in der Mittelbronzezeit
Die Schweiz in der Spätbronzezeit
Dinosaurier von A bis K. Von Abelisaurus bis zu
Kritosaurus
Dinosaurier von L bis Z. Von Labocania bis zu Zupaysaurus
Der rätselhafte Spinosaurus. Leben und Werk des Forschers
Ernst Stromer von Reichenbach
Eiszeitliche Geparde in Deutschland
Eiszeitliche Leoparden in Deutschland
Frauen im Weltall
Hildegard von Bingen. Die deutsche Prophetin
Höhlenlöwen. Raubkatzen im Eiszeitalter
Julchen Blasius. Die Räuberbraut des Schinderhannes
Johann Jakob Kaup. Der große Naturforscher aus
Darmstadt
Königinnen der Lüfte
Königinnen der Lüfte in Deutschland

Königinnen der Lüfte in Europa
Königinnen der Lüfte in Frankreich
Königinnen der Lüfte in England und Australien
Königinnen der Lüfte in Amerika
Königinnen der Lüfte von A bis Z
Königinnen des Tanzes
Malende Superfrauen
Meine Worte sind wie die Sterne Die Entstehung der Rede
des Häuptlings Seattle (zusammen mit Sonja Probst,
verheiratete Werner)
Monstern auf der Spur. Wie die Sagen über Drachen, Riesen
und Einhörner entstanden
Neues vom Ur-Rhein. Interview mit dem Geologen und
Paläontologen Dr. Jens Sommer
Österreich in der Frühbronzezeit
Österreich in der Mittelbronzezeit
Österreich in der Spätbronzezeit
Pompadour und Dubarry. Die Mätressen von Louis XV.
Raub-Dinosaurier von A bis Z. Mit Zeichnungen von
Dmitry Bogdanav und Nobu Tamura
Rekorde der Urmenschen. Erfindungen, Kunst und Religion
Rekorde der Urzeit. Landschaften, Pflanzen und Tiere
Säbelzahnkatzen. Von Machairodus bis zu Smilodon
Säbelzahntiger am Ur-Rhein. Machairodus und
Paramachairodus
Superfrauen aus dem Wilden Westen
Superfrauen 1 – Geschichte
Superfrauen 2 – Religion
Superfrauen 3 – Politik
Superfrauen 4 – Wirtschaft und Verkehr
Superfrauen 5 – Wissenschaft

Superfrauen 6 – Medizin
Superfrauen 7 – Film und Theater
Superfrauen 8 – Literatur
Superfrauen 9 – Malerei und Fotografie
Superfrauen 10 – Musik und Tanz
Superfrauen 11 – Feminismus und Familie
Superfrauen 12 – Sport
Superfrauen 13 – Mode und Kosmetik
Superfrauen 14 – Medien und Astrologie
Tony und Bruno Werntgen. Zwei Leben für die Luftfahrt
(zusammen mit Paul Wirtz)
Was ist ein Menhir? Interview mit dem Mainzer
Archäologen Dr. Detert Zylmann
Wer ist der kleinste Dinosaurier? Interviews mit dem
Wissenschaftsautor Ernst Probst
Wer war der Stammvater der Insekten? Interview mit dem
Stuttgarter Biologen und Paläontologen Dr. Günther Bechly
6000 Jahre Kastel. Von der Steinzeit bis zum 21. Jahrhundert
5000 Jahre Kostheim. Von der Steinzeit bis zum 21. Jahrhundert
Kastel in der Vorzeit. Von der Jungsteinzeit bis Christi Geburt
Kostheim in der Vorzeit. Von der Jungsteinzeit bis Christi
Geburt
Wiesbaden in der Steinzeit. Von Eiszeit-Jägern bis zu frühen
Bauern
Anno 1.000.000. Deutschland in der älteren Altsteinzeit
Die Altsteinzeit. Eine Periode der Steinzeit in Europa vor etwa
1.000.0000 bis 10.000 Jahren
Das Protoacheuléen. Eine Kulturstufe der Altsteinzeit vor etwa
1,2 Millionen bis 600.000 Jahren
Das Altacheuléen. Eine Kulturstufe der Altsteinzeit vor etwa
600.000 bis 350.000 Jahren
Das Jungacheuléen. Eine Kulturstufe der Altsteinzeit vor etwa

Die Salzmünder Kultur. Eine Kultur der Jungsteinzeit vor
etwa 3.700 bis 3.200 v. Chr.

Die Chamer Gruppe. Eine Kulturstufe der Jungsteinzeit vor
etwa 3.500 bis 2.800 v. Chr.

Die Wartberg-Kultur. Eine Kultur der Jungsteinzeit vor etwa
3.500 bis 2.800 v. Chr.

Die Walternienburg-Bernburger Kultur. Eine Kultur der
Jungsteinzeit vor etwa 3.200 bis 2.800 v. Chr.

Die Kugelamphoren-Kultur. Eine Kultur der Jungsteinzeit
vor etwa 3.100 bis 2.700 v. Chr.

Die Schnurkeramischen Kulturen. Kulturen der Jungsteinzeit
von etwa 2.800 bis 2.400 v. Chr.

Die Einzelgrab-Kultur. Eine Kultur der Jungsteinzeit vor
etwa 2.800 bis 2.300 v. Chr.

Die Schönfelder Kultur. Eine Kultur der Jungsteinzeit vor
etwa 2.800 bis 2.200 v. Chr.

Die Glockenbecher-Kultur. Eine Kultur der Jungsteinzeit
vor etwa 2.500 bis 2.200 v. Chr.

Die ersten Bauern in Österreich. Die Linienbandkeramische
Kultur vor etwa 5.500 bis 4.900 v. Chr.

Die Lengyel-Kultur in Österreich. Eine Kultur der
Jungsteinzeit vor etwa 4.900 bis 4.400 v. Chr.

Die Mondsee-Gruppe. Eine Kulturstufe der Jungsteinzeit
vor etwa 3.700 bis 2.900 v. Chr.

Die Badener Kultur in Österreich. Eine Kultur der
Jungsteinzeit vor etwa 3.600 bis 2.900 v. Chr.

Die ersten Pfahlbauten in der Schweiz. Die Anfänge der
Pfahlbauforschung und die Egolzwiler Kultur

Die Cortaillod-Kultur. Eine Kultur der Jungsteinzeit vor
etwa 4.000 bis 3.500 v. Chr.

Die Pfyner Kultur in der Schweiz. Eine Kultur der
Jungsteinzeit vor etwa 4.000 bis 3.500 v. Chr.

Die Horgener Kultur in der Schweiz. Eine Kultur der
Jungsteinzeit vor etwa 3.500 bis 2.800 v. Chr.
Die Schnurkeramiker in der Schweiz. Eine Kultur der
Jungsteinzeit vor etwa 2.800 bis 2.400 v. Chr.

Jäger der Mittelsteinzeit mit erlegtem Hirsch.
Gemälde von Fritz Wendler (1941–1995) für das Buch
„Deutschland in der Steinzeit" (1991) von Ernst Probst

www.ingramcontent.com/pod-product-compliance
Lightning Source LLC
Chambersburg PA
CBHW070408220526
45467CB00001B/505